NF文庫
ノンフィクション

日独特殊潜水艦

特異な発展をみせた異色の潜水艦

大内建二

潮書房光人社

まえがき

本書では、第二次世界大戦において日本海軍とドイツ海軍が出現させた様々な形態の、特殊な潜水艦について解説してある。

日本海軍が潜水艦を導入したのは明治三十八年（一九〇五年）のことで、列強海軍国に比較して決して遅いものではなかった。しかし導入したとはいっても、それはアメリカやイタリアあるいはフランスからの購入艦であり、日本海軍独自の構想にもとづく設計による潜水艦ではなかった。

潜水艦は第一次世界大戦でドイツ海軍が造艦技術や戦術において列強海軍を大きくリードする結果になった。しかしドイツの敗戦により同国の潜水艦開発技術は一時的に途絶えることになった。また列強海軍はドイツ潜水艦の技術を参考としながら、独自の開発を進めていたが、潜水艦の存在意義を理解しながらも、その後、潜水艦に関わる設計技術や戦術面での際立った発展を見ることはなかった。

日本海軍においても潜水艦の作戦上の運用については様々に議論されることになったが、結論として得られた答えは大艦巨砲主義のもとでの潜水艦の運用ということへの帰結であった。そこで得たのは他国の海軍には見られない特有の潜水艦の運用であり、それにもとづく潜水艦の開発であった。

それは潜水艦が強力な艦隊の先兵としての役割を担うことである。つまり艦隊の前方に潜水艦戦隊を配置し、攻め来たる敵の艦隊に対し、あらかじめ魚雷攻撃で急襲し、ダメージを受けた敵艦隊に対し、後続する戦艦や巡洋艦あるいは航空母艦の攻撃により敵艦隊に決定的なダメージを与え、勝利を獲得するという戦法であった。

この先陣攻撃の主力になる潜水艦が航空機（偵察機）搭載の攻撃型潜水艦、あるいは特殊潜航艇を多数搭載した攻撃型潜水艦であり、この基本方針にもとづき以後日本海軍独特の潜水艦の発展がみられることになったのであった。

昭和十年（一九三五年）以降に建造された日本の潜水艦の中に占める航空機搭載型潜水艦の多くの隻数は、同時代の列強海軍国の潜水艦の中でも際立って特異な存在となっていた。

しかしこの航空機搭載型潜水艦の構想も、実際の戦いでは様々な問題を残すものとなり、結果的にはこれら潜水艦は当初の構想どおりに運用されることもなく、未消化な状態で終焉を迎えることになった。

日本海軍はその後の構想の中でドイツ海軍を参考に機雷敷設潜水艦、あるいはその後の実戦の反省から世界海軍の潜水艦では異質の輸送専用潜水艦の建造も進め、そして前代未聞の陸軍の輸送専用潜水艦の出現を見ることになったのであった。

戦争の末期にはむしろ当然の成り行きとして自己犠牲の攻撃戦法にもとづく特殊潜航艇（特攻型潜航艇）の開発が進められた。しかしその設計と戦術の基本にあったのが、日本海軍独自の潜水艦運用戦法の中で開発された特殊潜航艇（当初計画では決して特攻型の潜航艇ではなかった）であったことは、いかにも皮肉な印象を受けるものなのである。

ドイツ海軍は第二次大戦中に一〇〇〇隻を超える潜水艦を建造したが、その運用方法の主体は第一次大戦時と同様の徹底した通商破壊作戦への投入であり、建造される潜水艦も当該作戦に適した姿に収斂されていった。そしてその作戦を展開するために必要不可欠な特異な補給用潜水艦も建造している。また通商破壊作戦を展開する中で要所海域への機雷敷設も積極的に展開し、極めて斬新な機雷敷設機能を持つ潜水艦も開発し、実戦に投入していた。

しかし積極的に展開した通商破壊作戦も、連合軍側のソフト面とハード面での急速な対潜水艦攻撃システムの開発に直面し、危機を迎えることになった。

敵の攻撃を受けながらも積極的な潜水艦作戦を展開するための最終的な解答は、潜水艦の水中での高速化であった。この考えは日本海軍もドイツ海軍もまったく同じであった。

この潜水艦の高速化をいかにして実現させるか、そこにはドイツ海軍と日本海軍に大きな違いがあったが、結局両海軍ともに戦争中に理想的な高速潜水艦を実現させることはできなかった。そして、その実現は原子力潜水艦の出現まで待たねばならなかったのである。

本書では日本海軍とドイツ海軍の潜水艦の発達の中で出現した特異な潜水艦に焦点をあてであるが、本書により一般的にはあまり取り上げられない潜水艦の姿を堪能いただきたいのである。

日独特殊潜水艦——目次

日独特殊潜水艦

特異な発展をみせた異色の潜水艦

第1章 日本海軍の潜水艦の発達と水中高速潜水艦

日本海軍に初めて潜水艦が導入されたきっかけは、明治三十七年（一九〇四年）三月、日露開戦を前にして開催された帝国議会において、艦艇緊急補充建造計画に関わる海軍省の提案の中の、装甲巡洋艦と潜航艇の緊急建造計画が可決されたときであった。そしてこの決定にもとづき同年六月に海軍は早くもアメリカからホーランド型潜水艦五隻の購入を決定している。

このホーランド型潜水艦の第一号艦は明治三十八年八月に完成し、最終の五号艦は同年十月に完成し船便で日本に運ばれている。日露戦争には間に合わなかったが、この五隻によって日本海軍最初の潜水艦戦隊が編成された。

その後日本海軍は潜水艦の開発と建造が進められているイタリアやフランスからも潜水艦を購入し、日本独自の潜水艦開発の足掛かりを築き、大正六年（一九一七年）に日本海軍が独自に設計開発した潜水艦二隻の建造を開始した。この二隻の潜水艦は二年後の大正八年（一九一九年）に完成し、それぞれ「第一九号潜水艦」および「第二〇号潜水艦」（後の呂一一号および一二号）と命名された。

潜水艦の後発国である日本海軍は、第一次世界大戦におけるドイツ海軍の潜水艦の活躍に大きな衝撃を受けるとともに、このときのドイツ潜水艦が以後の日本海軍の潜水艦開発への起爆剤ともなったのであった。

第一次大戦直後、日本海軍は連合国側の一員としての立場から、戦利品としてドイツ潜水艦各種七隻の配分を受けた。これら七隻は派遣された日本海軍の将兵によって、はるばる日本まで回航された（大正八年にすべて無事に日本に到着した）。

これら潜水艦は日本海軍が最新技術の潜水艦の構造を習得する上で得るところが多く、日本のその後の潜水艦の発展に大きな影響をおよぼすことになった。

日本の潜水艦は以後、独自の発達を遂げることになったが、その中で日本海軍の将来の潜水艦の活用に関する構想も確立されだした。この構想の基本にあったのが潜水艦を大艦巨砲主義の理念にもとづき、艦隊決戦の先兵として運用する、という日本海軍特有の艦隊型潜水艦としての位置づけであった。つまりここで提案された潜水艦とは長距離外洋作戦での先兵戦隊としての運用が可能な大型巡洋潜水艦で、ドイツ海軍が潜水艦の基本運用として考えていた通商破壊作戦への投入といった、一種のゲリラ戦法は考慮の外にあったのである。

呂11号（第19号潜水艦）

そしてこの艦隊決戦の先兵戦力としての潜水艦の機能には、さらに日本海軍独特の運用方法も組み込まれたのである。つまり潜水艦に航空機を搭載し、戦端を開くに際しこれを飛ばして敵情を確実に把握し、艦隊を有利に展開させようとする考えであった。

このために太平洋戦争に参加した日本の潜水艦の多くは大型で、しかもその多くが小型水上偵察機を搭載するという、他国の海軍には見られない特有の潜水艦が出現することになったのである。

そして海軍としての要求はさらに続き、より有利な索敵や偵察行動、また強力な攻撃力を備える原動力として絶対的に必要な、潜水艦の水中での高速化を推し進めることも付け加えることになったのである。

しかし潜水艦の水中での高速化はその動力源がネックとなり、第二次大戦中にいずれの海軍でも実用的な水中高速潜水艦を出現させることはできなかった。結局、水中高速潜水艦の出現は原子力潜水艦の出現を待たねばならなかったのであった。

初めての水中高速実験潜水艦　第七一号艦

日本海軍は、昭和十二年（一九三七年）度の艦艇増備計画の中で、近い将来その出現が絶対的に必要になるであろう水中高速潜水艦の研究を進めるために、主に基礎データの収集を目的とした実験用小型水中高速潜水艦一隻の建造が認められた。

当時の日本海軍は後述する特殊潜航艇（甲標的）の設計を終え、早くもその試作艇の建造の準備に入っていた。甲標的の水中での最高速力は一九ノットという驚異的な高速力を発揮することが約束されており、この水中高速実験潜水艦の設計には甲標的の設計上のノウハウが多分に盛り込まれる予定であった。

海軍の本艦に対する期待は大きく、海軍艦政本部は本艦の試験結果を実用的な水中高速潜水艦の設計資料として直接応用する意気込みであった。

本艦の開発は甲標的とともに当時の日本海軍の最高機密（軍機）として扱われ、完全な秘密計画の中で進められたのであった。本艦の名称は表向きは単に「第七一号艦」とだけ記されていた。

本艦の完成直後の公試を基にした基本要目は次のとおりである。

基準排水量（水上）　一九五トン

常備排水量（水上）	二一三トン
全長	四二・八メートル
全幅	三・三メートル
最大深さ	三・九七メートル
主機関（水上）	ディーゼル機関（最大出力）三〇〇馬力
（水中）	蓄電池駆動電動機（最大出力）一八〇〇馬力
軸数	一軸
最高速力（水上）	一三・〇ノット
（水中）	二一・一ノット
安全潜航深度	八〇メートル
最大許容深度	一〇〇メートル
航続力（水上）	一二・五ノットで四〇七四キロ
（水中）	七ノットで六一キロ
武装	五三センチ魚雷発射管三門（艦首）
	魚雷三本
乗組員	一一名

本艦の外観には多くの特徴があった。全体的には現代の潜水艦に近似の姿で、スクリューや舵は魚雷のように艦尾の船体軸線上に配置されていた。つまり水中での高速性能を追求するために、船体各部にはよけいな凸凹はなく、また司令塔もスリムで潜航時の水中抵抗を極限にまで減少するための流線化が施されていた。さらに水中での表面抵抗を減らすために、単殻構造の船体の組み立てはすべて電気溶接で行なわれることになった。

本艦の浮力タンクは船体の前部にのみ設けられているために、水上を航行するときと浮揚時には船体の前部のみが水面上に現われるという独特な姿をしていた。

本艦の水上航行時の動力源には最大出力三〇〇馬力のディーゼル機関が使われ、航行とともに蓄電池への充電を行なうようになっていた。当初の計画では主機関には、最大出力六〇〇馬力のダイムラー・ベンツ製の航空機用の倒立V型ディーゼルエンジン二基を搭載する予定であった。しかしこのエンジンを調達することができず、国産の最大出力三〇〇馬力のディーゼルエンジンを搭載することになった。

本艦の水中航行時の動力源は、蓄電池により駆動される発電機で行なわれる方式は既存の潜水艦と変わらなかったが、装備される蓄電池はすでに開発が進んでいた甲標的用に開発された大容量の蓄電池（特B型蓄電池）が採用され、合計六七二個を搭載、これにより最大出力一八〇〇馬力の電動機を動かし、水中での高速化を図ろうとした。

推進器は水中推進時の強馬力の電動機によるトルクを減じるために、当時の潜水艦として

第71号艦

は革新的な魚雷と同様の一軸四枚羽の二重反転式スクリューが採用されている。また実験艦ではあるが魚雷発射管三門が装備されており、一本は艦の中心線上の艦首に、他の二本はその左右下方に装備されていた。

本艦は昭和十二年十二月に呉海軍工廠で起工され、翌十三年八月に完成し直ちに各種試験が開始された。

その間に行なわれた水中高速航行試験では最高速力二一・三四ノットという驚異的な高速力を記録している。本艦の計画による最高速力は二五ノットであったが、主機関が当初計画より出力が低下したことにより充電力の能力が低下し、計画値を出すことができなかった。

しかしこの時点までに世界に公表されていた潜水艦の水中での最高速力記録は、イギリス海軍のR型潜水艦が出した一四・〇ノットであり、他にも水中での最高速力が二〇ノットを越えたという情報はなく、本艦の水中最高速力記録は世界的に見ても大記録であったのである。しかし本艦は日本海軍にとって極秘の存在であり、このニュースが世界に知られることはなく、

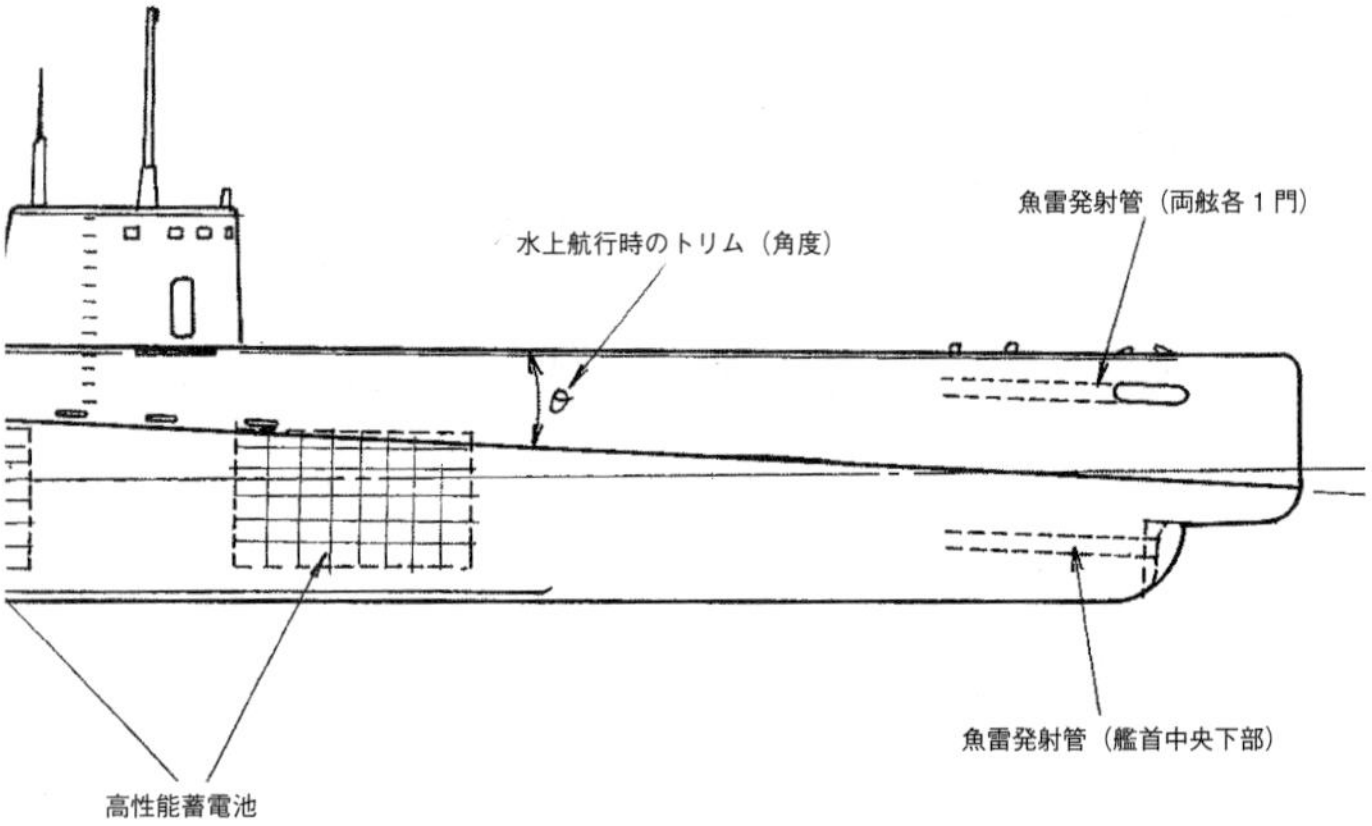
水上航行時のトリム（角度）
θ
魚雷発射管（両舷各１門）
魚雷発射管（艦首中央下部）
高性能蓄電池

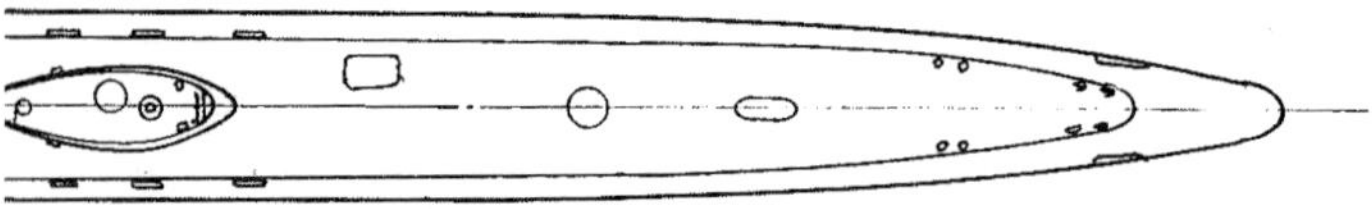

第1図　第71号艦（水中高速実験潜水艦）

基準排水量（水上）	195トン
全　　長	42.8メートル
全　　幅	3.3メートル
主 機 関（水上）	ディーゼル機関1基（最大出力300馬力）
（水中）	蓄電池駆動電動機1基（最大出力1800馬力）
最 高 速 力（水上）	13.0ノット
（水中）	21.1ノット
安全潜航深度	80メートル（最大許容深度100メートル）

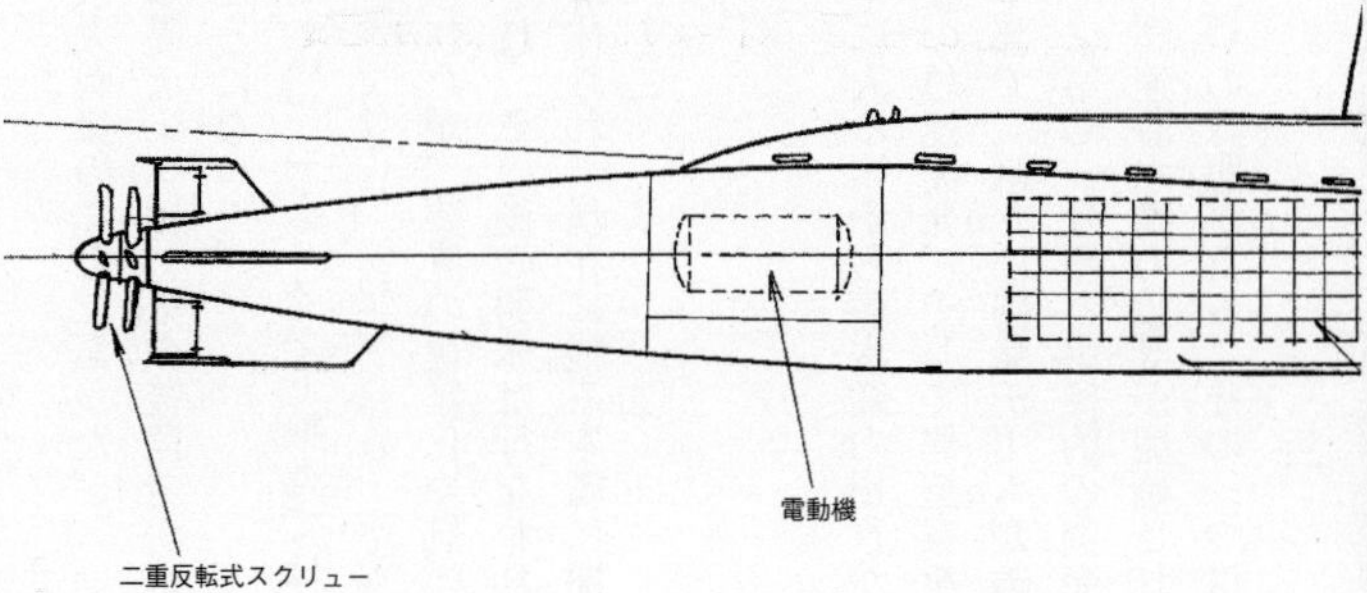

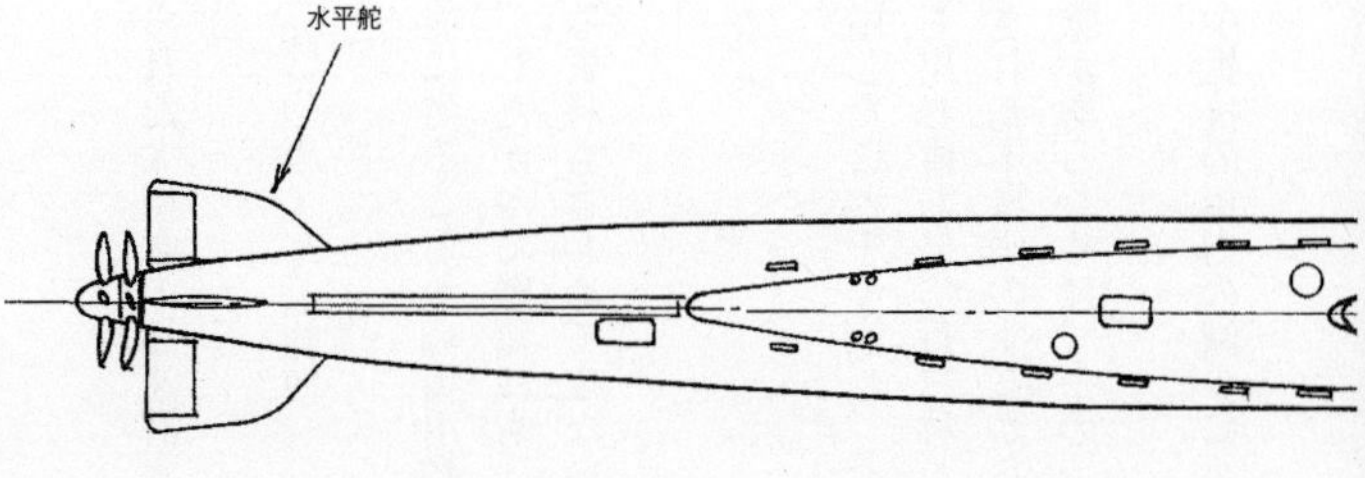

この記録が知られたのは第二次大戦後のことであった。

本艦で得られた設計要領や基礎データは、その後開発が進められた大型水中高速潜水艦伊二〇一型の設計に活かされることになった。

第七一号艦の航続力は、水上は一二・五ノット推進では二二〇〇カイリ（約四一〇〇キロ）、水中は七ノット航行では三三カイリ（約六一キロ）であった。

本艦は最高機密扱いで開発されたが、装置の複雑化や航洋性能に劣ることから実用艦へのそれ以上の開発は不適と判断され、その後の開発は行なわれず、したがって艦籍にも入ることなく昭和十六年に秘密裏に解体され、現在に残る本艦に関する資料もきわめて少ないのである。

伊二〇一型水中高速潜水艦

日本海軍軍令部は昭和十八年に入る頃から潜水艦の損害が急増したことを憂慮し、その対策の一つとして水中高速潜水艦の急速開発、そして建造案を打ち出し直ちに実行に移した。

この計画の主導は海軍艦政本部で、直ちに開発チームが編成され基本計画の立案から始まった。水中高速潜水艦にはすでに第七一号艦と甲標的の開発経験があるために、この二つの前例を原案として正規大型水中高速潜水艦の設計が開始された。

水中高速潜水艦の実現には二つの課題がある。その一つは水中抵抗の極力の減少に対する理論と対策。もう一つが水中での長時間にわたり高出力を発揮する動力源の実現である。日本の造船技術の中での水の抵抗減衰理論という領域は、当時すでに世界のトップレベルの域に達していたが、水中動力源の実現に対しては潜水艦先進国のドイツ海軍に比較すると大きな遅れがあった。

水中では大気中から空気を導入することが難しく、とくに大容量の内燃機関を長時間にわたり駆動させることは不可能とされていた。このために世界中の潜水艦の水中での動力源には蓄電池が採用され、これで電動機を回転させ推進の動力源とする方式がとられていた。そのために世界の海軍では、潜水艦用の動力源としての大容量・長時間寿命の蓄電池の開発と、これにより駆動される大出力電動機の開発にしのぎを削っているのが現実であった。

第一の問題である水中抵抗の減少に対する対策として、本潜水艦の設計段階で採用された案は極めて常識的で、既存の潜水艦の外観に見られる様々な装置で生じる凹凸の極力の削減であった。

まず船体の組み立てには従来式の鋲打ち方式を全廃し、すべて電気溶接で組み上げることであった。また水中抵抗のとくに大きく現われる司令塔の構造を極小まで単純化し、細くスリムな構造で実現させたことである。

また水中抵抗になる甲板上に装備される砲（一二～一四センチ砲）を全廃し、機銃も潜水時は艦内に格納し船体表面に突起を残さない方式とした。さらに艦首のアンカーレセスにも整流板を設け艦首抵抗の極力の削減を図った。

これらの大胆な整形化により、本艦は既存の同規模の潜水艦に比較し格段に単純化されたスマートな外観を現わすことになった。

次に主機関であるが、本艦の開発時点では潜水艦用の画期的な動力というものはまだ未開発であった。基本は大容量の蓄電池の開発とこれで駆動する大馬力の電動機の開発、そしてこの大容量の蓄電池を短時間で充電する能力のあるディーゼル機関の開発であった。

しかしこれら課題の装置を新たに開発する時間的余裕はなく、既存の装置で代用しなければならなかった。

そこで選ばれた主機関が、ドイツのMAN社製ディーゼル機関を国産化した最新型のマ式一号ディーゼル機関（最大出力一三七五馬力）を二基装備することであった。この機関により水上での最高速力一五・八ノットを出すことは可能であった。そしてこの機関の水上航行時に蓄電池の充電を短時間で行なうことを可能にしたが、装備される蓄電池は甲標的でも採用された蓄電池を改良した特B型蓄電池で、その搭載数は合計じつに二〇八八個という規模となった。

本艦の推進は水上・水中ともに二軸で行なわれるが、水中を航行するときは最大一軸を二五〇〇馬力の電動機で駆動する。つまり水中航行の際には最大二軸を合計五〇〇〇馬力の電動機で推進することになるのである。

伊202号

ただ一軸を駆動する二五〇〇馬力の電動機がないために、実際には一軸を出力一二五〇馬力の電動機二基を直列に配置して対処することにした。

本艦の設計は急速に進み、昭和十九年度の緊急艦艇建造計画の中で二三隻の建造が認められ、「潜高大」伊二〇一型の呼称ですべてが呉海軍工廠で建造されることになった。

しかし戦争はすでに最終段階に入りつつあり、実際に起工されたのは八隻のみで、最初に完成したのは一号艦の伊二〇一号で、その竣工は昭和二十年二月であった。そしてその後完成したのも伊二〇二号および伊二〇三号のみで、この画期的な実戦用水中高速潜水艦は合計三隻の完成で終わることになった。

本艦の建造にはすでに戦時標準船（貨物船および油槽船）や海防艦の建造に大規模に採用されていた電気溶接工法によるブロック建造方式が採用されている。

完成した三隻は繰り返しの水中航行試験が行なわれたが、主機のディーゼル機関の故障や大量に搭載された特B型蓄電池の耐久性や寿命などに種々の問題が発生し、ときには艦内での電

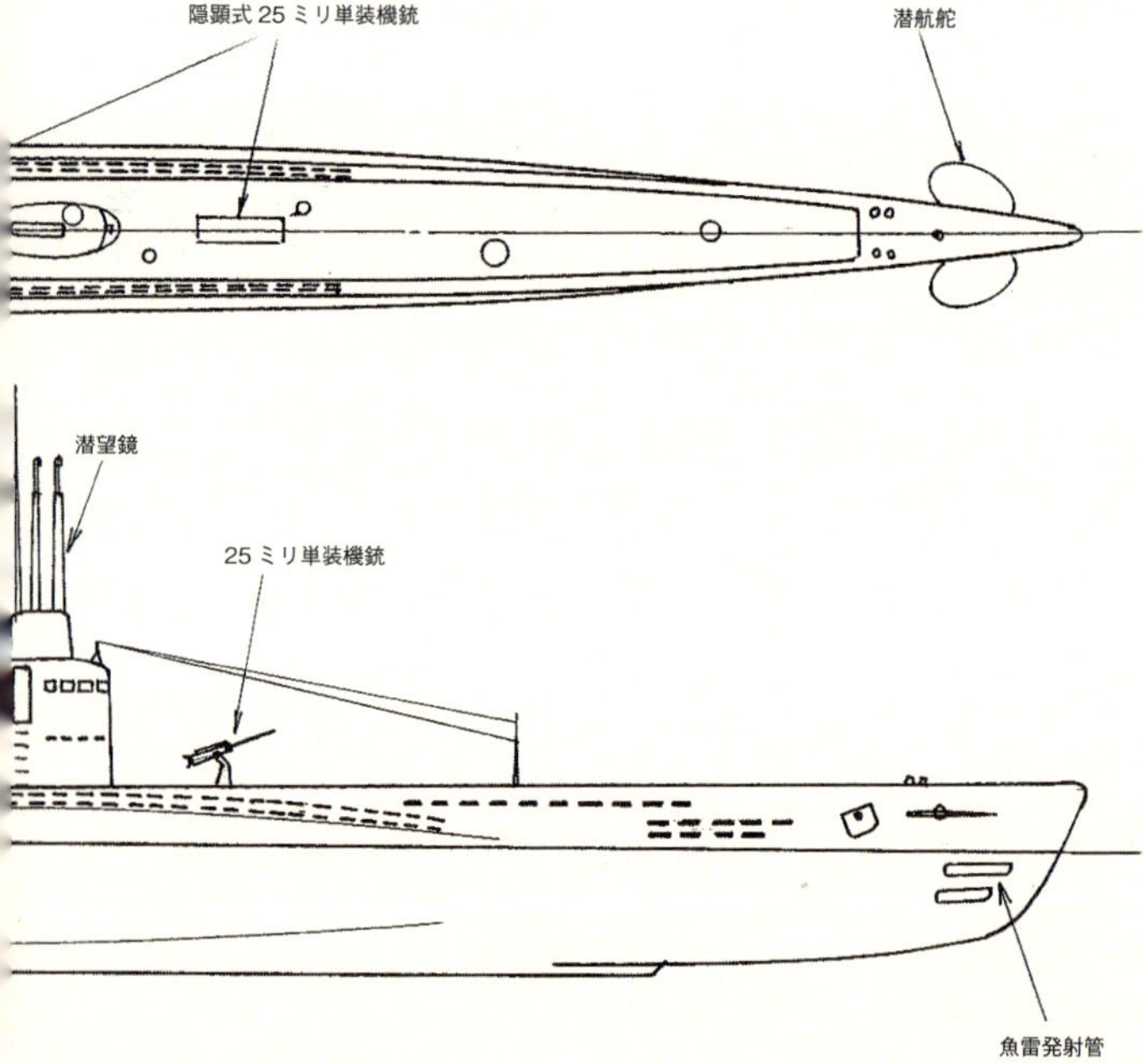

隠顕式25ミリ単装機銃
潜航舵
潜望鏡
25ミリ単装機銃
魚雷発射管

第2図　伊201型水中高速潜水艦（潜高大）

基準排水量	（水上）	1070トン
	（水中）	1291トン
全　　長		79.0メートル
全　　幅		5.8メートル
主　機　関	（水上）	マ式1号ディーゼル機関2基（合計出力2750馬力）
	（水中）	蓄電池駆動電動機4基（合計最大出力5000馬力）
最　高　速　力	（水上）	15.8ノット
	（水中）	19.0ノット
安全潜航深度		110メートル

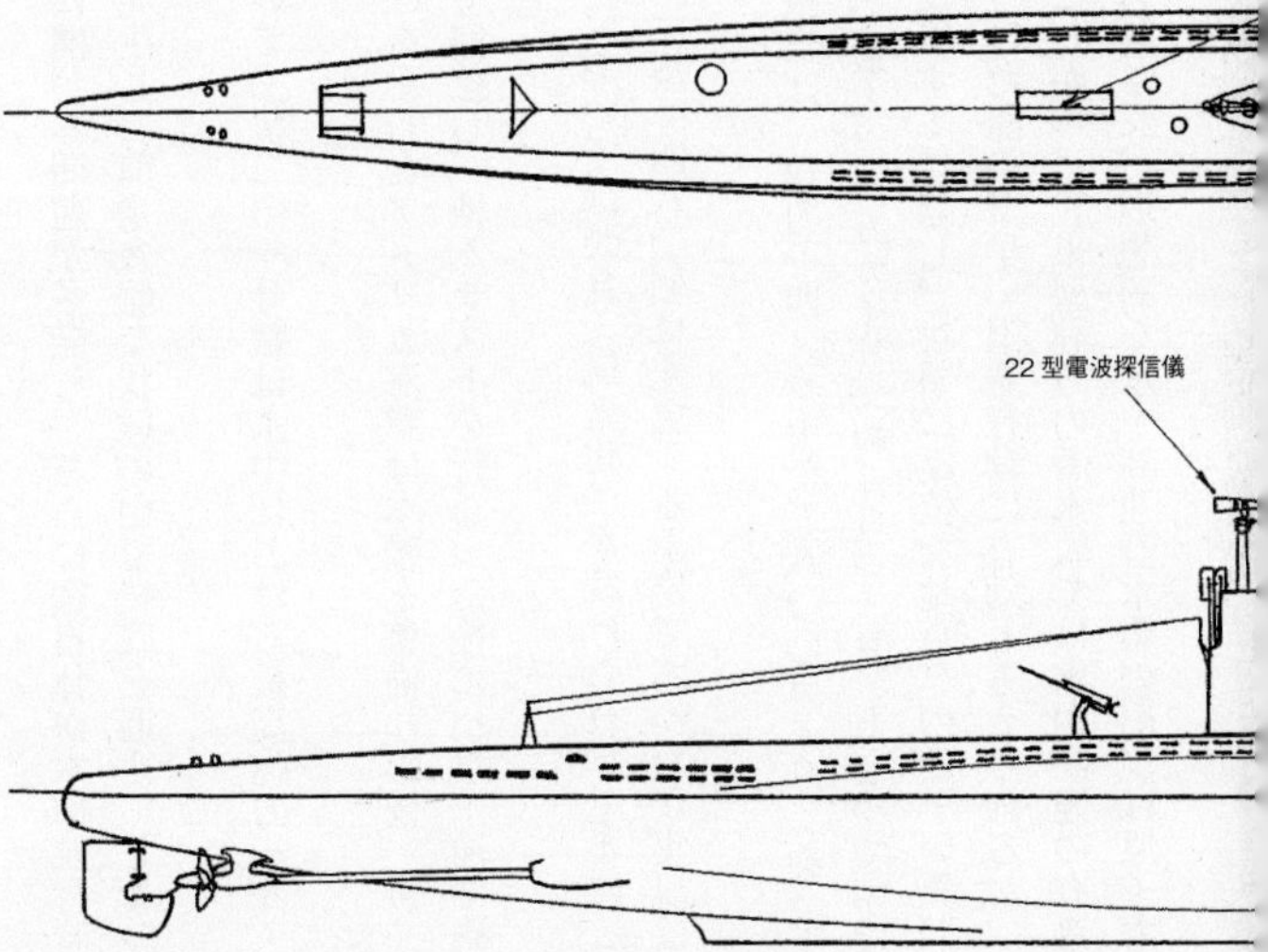

気火災の発生も起きるなど動力に関わる問題が多発し、さらに艦自体が水中航行時の安定性に欠けるなどの基本的な問題も発生し、前途多難な状態の中で終戦を迎えてしまったのである。

なお完成直後の公試運転において、伊二〇一号艦は水中における最高速力一九・〇ノットを記録している。

終戦後、水中高速潜水艦に興味を示したアメリカ海軍は本艦を整備した後、伊二〇一号と伊二〇三号の二隻をアメリカまで回航し、種々テストを行なった後にハワイ沖で砲撃訓練の標的艦となり沈められた。

この水中高速潜水艦の蓄電池については改良（簡素化）が続けられ、七番艦（伊二〇七号）では蓄電池を最新型（一号三三型）四八〇個に変更する予定であったが実現はしなかった。

本艦の水上航行時の最大航続距離は、速力一四ノットで五八〇〇カイリ（約一万七〇〇キロ）、水中航行時は速力三ノットで最大一三五カイリ（約二五〇キロ）となっていた。

水中での高速力の魅力は敵を攻撃するに際し、攻撃に優位な地点への素早い先回りが可能にすること、一方、敵の攻撃を受けた際の素早い退避行動に有効と考えられるが、長時間にわたる高速力の持続が不可能なことから、在来型動力の潜水艦では水中高速の有意性というものは極めて限定されたものと判断され、理想的な水中高速潜水艦の出現は原子力潜水艦の出現を待たねばならなかったのである。

伊二〇一型水中高速潜水艦の基本要目は次のとおりであった。

基準排水量（水上）　一〇七〇トン
常備排水量（水上）　一二九一トン
全長　七九・〇メートル
全幅　五・八メートル
吃水　五・四六メートル
主機関（水上）　マ式一号ディーゼル機関二基
二基合計最大出力二七五〇馬力
（水中）　蓄電池駆動電動機四基（最大出力五〇〇〇馬力）
軸数　二軸
最高速力（水上）　一五・八ノット
（水中）　一九・〇ノット
航続距離（水上）　一四ノットで五八〇〇カイリ（約一万七〇〇キロ）
（水中）　三ノットで一三五カイリ（約二五〇キロ）
安全潜航深度　一一〇メートル

武装　五三センチ魚雷発射管四門（艦首）
魚雷一〇本
二五ミリ単装機銃二梃（隠顕式）
乗組員　三一名

波二〇一型小型水中高速潜水艦

本艦は前述の伊二〇一型水中高速潜水艦と同時に開発が進められた潜水艦であるが、伊二〇一型潜水艦が遠洋攻撃型潜水艦であるのに対し、本艦は拠点基地の防衛のための局地戦用として開発が進められた水中高速潜水艦である。

太平洋戦争も末期になるにしたがい、軍部は日本本土を決戦場として徹底抗戦の構えに突き進みだした。その状況の中、決戦用の兵器として様々な構想の兵器が考案され実際に試作へと進めるものもあった。海軍軍令部はそのような中で開発が進められる特攻思想にもとづいた、行動範囲がせまく限定された兵器とは別に、より攻撃行動範囲を広げた本土周辺海域を攻撃範囲とした局地戦用の潜水艦の試作も進めた。

この潜水艦に要求される条件は、小型でかつ水中で高速が発揮でき、しかも攻撃力は既存の呂三五型潜水艦並みであることであった。また時局からみて資材の不足は避けられず、そのために艦の規模としては攻撃力は残すが極力小型化し、かつ工事の簡素化を図り建造時間

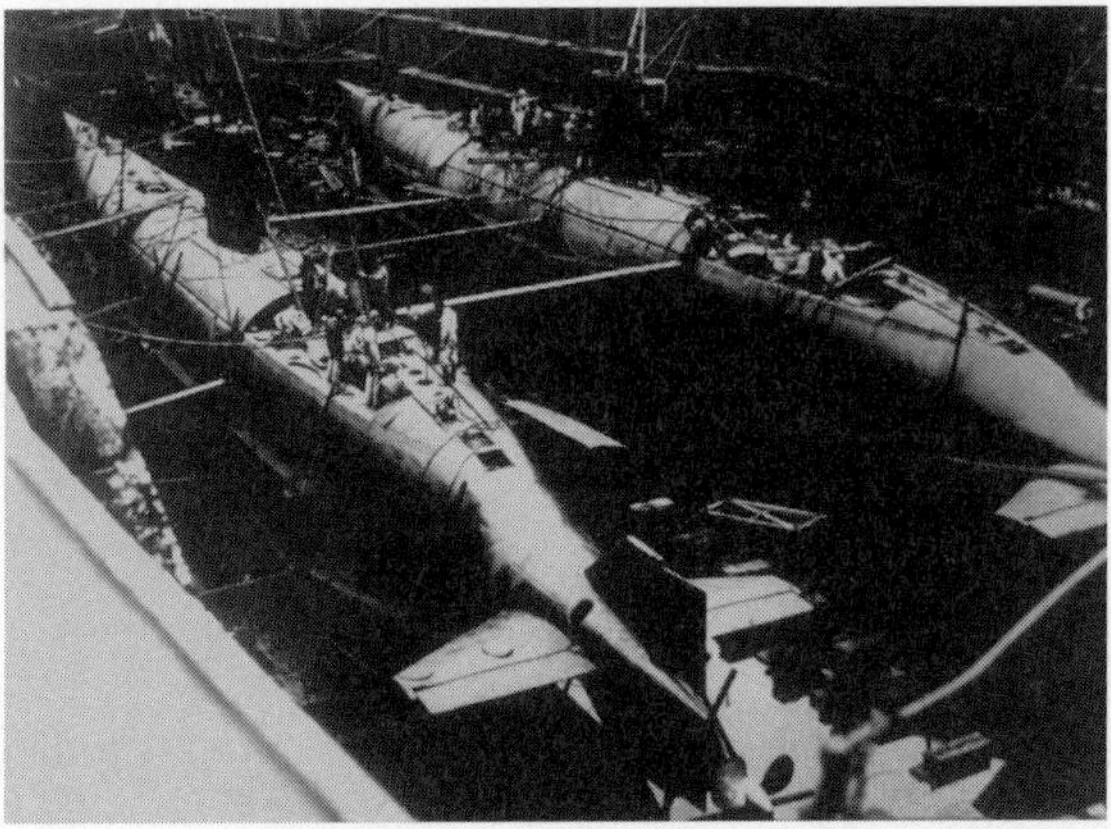

波201号（左）と波202号

の最大限の短縮をねらうというものであった。

本艦は「潜高小」の呼称の下に、昭和十九年末から急遽設計が進められた。そして驚異的な短時間で設計を完了させると直ちに建造に入ることになり、昭和二十年三月に佐世保海軍工廠で第一号艦の建造が開始された。

建造は佐世保海軍工廠、川崎造船神戸造船所、同泉造船所、三菱造船神戸造船所の四ヵ所でほぼ同時に開始された。そして一隻あたりの建造期間は一ヵ月が目標とされた。

実際の建造期間は一号艦は三ヵ月を要したが、終戦までに完成した艦の最短建造期間は五〇日であった。

本艦の規模は基準排水量（水上）三二〇トン、全長五三メートルであったが、本艦の主機関には供給量が比較的安定し、小型戦時標準貨物船の主機関にも大量に採用されていた最大出力四〇〇馬

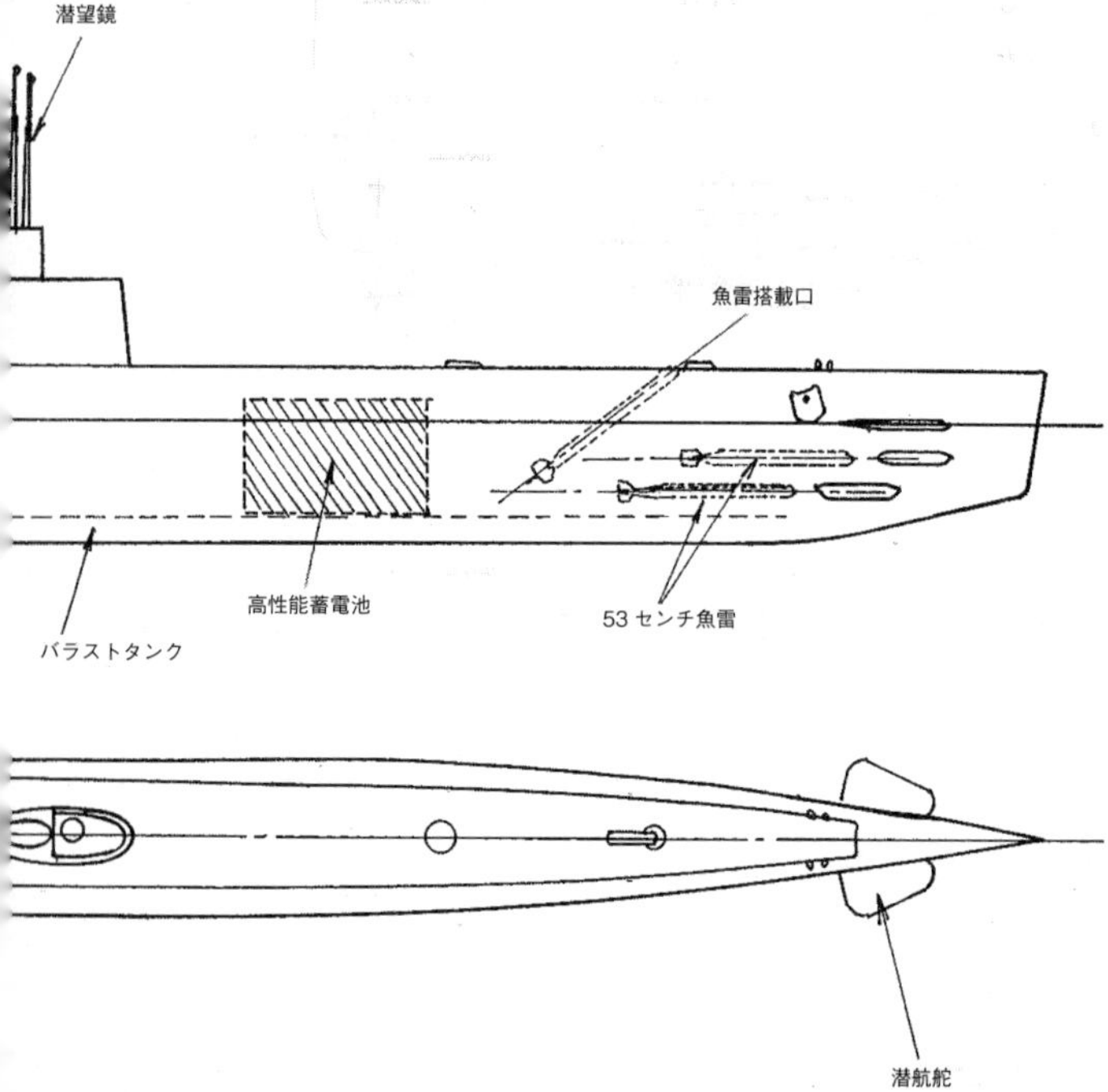
潜望鏡
魚雷搭載口
高性能蓄電池
53センチ魚雷
バラストタンク
潜航舵

第3図　波201型水中高速潜水艦（潜高小）

基準排水量	（水上）	320トン
全　　長		53.0メートル
全　　幅		4.0メートル
主 機 関	（水上）	ディーゼル機関（最大出力400馬力）1基
	（水中）	蓄電池駆動電動機（最大出力1250馬力）1基
最高速力	（水上）	11.1ノット
	（水中）	13.9ノット
安全潜航深度		100メートル

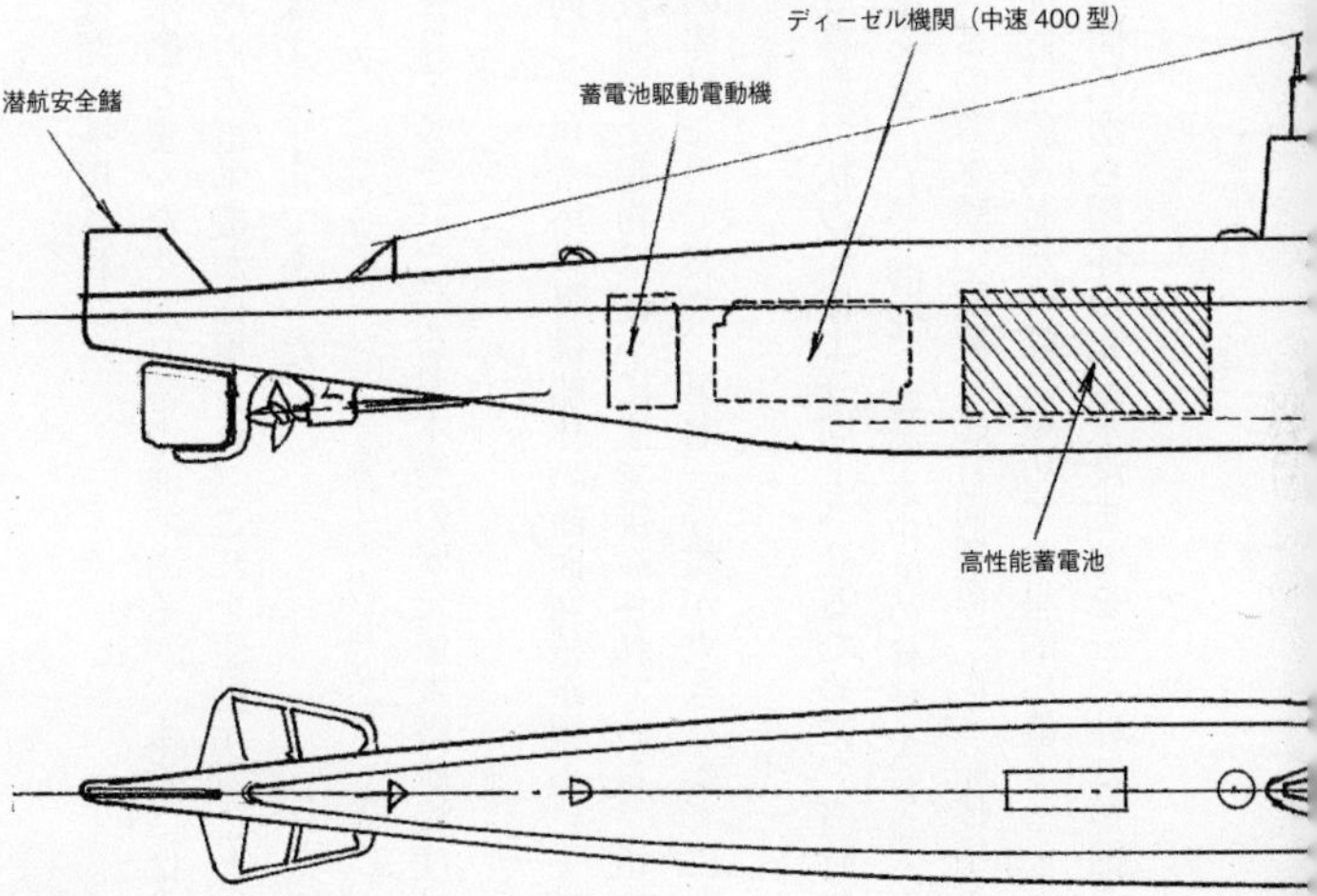

力の中速四〇〇型ディーゼル機関が採用された。

水中での動力源は既存の潜水艦とまったく同じ蓄電池であるが、本艦には中型潜水艦呂三五型と同じ最大出力一二五〇馬力の電動機が採用され、これを駆動することにより水中での最高速力一三・九ノットを確保する予定であった。

航続力については水上は一〇ノットで三〇〇〇カイリ（約五五六〇キロ）、水中は二ノットで一〇五カイリ（約一九四キロ）とされた。なお本艦の安全最大潜航深度は一〇〇メートルとされていた。

本艦の外観は伊二〇一型と同じく司令塔以外は船体の断面面積が極小にまで絞り込まれ、水中推進時の抵抗となる船体表面の突起物は極小にまで排除されている。船体の外観は水中高速試験艦第七一号艦に近似の姿になっており、第七一号艦が大きな参考になっていることは明白である。

本艦は水中での操縦性能を既存型形状の船体より向上させるために、当時すでに建造が進められていた特殊潜航艇海龍を参考にし、潜舵（艦の水中での昇降を行なうための船体側面に配置される舵）の配置を、通常の潜水艦の配置（艦首両側面）から船体中央部の司令塔の下部両側面に移された。この配置は急速潜航の際に極めて効果的に働くことが確認されており、急速潜航の所要時間は潜航開始から船体の完全水没までを三〇秒に短縮することを可能にした。

本艦の兵装は艦首の魚雷発射管二門で、搭載魚雷はわずか四本とされている。なお砲の配置はなく対空用に二五ミリ単装機銃一梃が隠顕式に装備される予定になっていた。

本艦は七九隻の建造が予定されていたが、起工されたのは三九隻のみで、終戦までに完成したのは八隻であった。本艦は本土決戦に備え本州、四国、九州の各地に秘匿基地を設け、そこより随時出撃する計画であった。

完成した艦で乗組員の訓練が逐次開始されたようであるが、出撃の準備ができた艦は皆無であったらしく、終戦直後から全艦が解体された。

本艦の基本要目は次のとおりである。

基準排水量（水上）　三二〇トン
常備排水量（水上）　三七六トン
全長　五三・〇メートル
全幅　四・〇メートル
深さ　四・二メートル
主機関（水上）　中速四〇〇型ディーゼル機関一基（最大出力四〇〇馬力）
（水中）　蓄電池駆動電動機一基（最大出力一二五〇馬力）
最高速力（水上）　一一・一ノット

航続距離（水中）　一三・九ノット
（水上）　一〇ノットで三〇〇〇カイリ（約五五六〇キロ）
（水中）　二ノットで一〇五カイリ（約一九四キロ）
武装　五三センチ魚雷発射管二門（艦首）
魚雷四本
二五ミリ単装備機銃一梃（予定）
最大安全潜航深度　一〇〇メートル

第2章　日本海軍の機雷敷設潜水艦

機雷を隠密裏に敵地海域に敷設する手法は極めて効果的な戦法として、一九世紀初頭頃から各国海軍の戦術に組み入れられ、機雷敷設専用の艦艇の開発も行なわれてきた。

機雷戦術が実績として大きな効果を示したのは日露戦争からといえよう。このときは日露両海軍で重要拠点への機雷の敷設が展開され、ロシア海軍は戦艦と装甲艦各一隻、日本海軍は主力戦艦二隻を失うという痛手を被っている。

機雷の敷設は敵の要衝海域に深く入り込み、隠密裏に敷設することが効果的な戦術であるが、つねに敵に発見される危険性がともなうことは覚悟しなければならない。しかし機雷敷設が潜水艦で潜航したままで行なうことができれば、それは極めて効果的な手法となり得るのである。

機雷の敷設を潜水艦で行なう戦法は第一次世界大戦ですでにドイツ海軍で行なわれており、

機雷敷設専用の潜水艦も建造され、実際に大西洋や地中海海域で行動していた。事実一九一六年十一月に、ギリシャ南端のエーゲ海ケア海峡でイギリスの病院船ブリタニック（四万八一五八総トン。タイタニック号の姉妹船）が、ドイツ潜水艦が敷設した機雷に触れ沈没している（これは触雷で沈没した史上最大の船舶として記録されている）。

第一次世界大戦の終結後、連合国軍の一員としてこの戦争に参戦していた日本は、戦勝国の特権としてドイツ海軍の潜水艦七隻を戦利品として分配された。分配を受けたドイツ潜水艦の内訳は次のとおりであった。

U125　機雷敷設用潜水艦（基準排水量一一六〇トン）
U46　通常型潜水艦（基準排水量七二〇トン）
U55　通常型潜水艦（基準排水量七二〇トン）
UC90　機雷敷設用潜水艦（基準排水量四八〇トン）
UC99　機雷敷設用潜水艦（基準排水量四八〇トン）
UB125　通常型潜水艦（基準排水量五一〇トン）
UB143　通常型潜水艦（基準排水量五一〇トン）

これら七隻の潜水艦はすべてが日本から派遣された海軍将兵によって日本まで回航された。

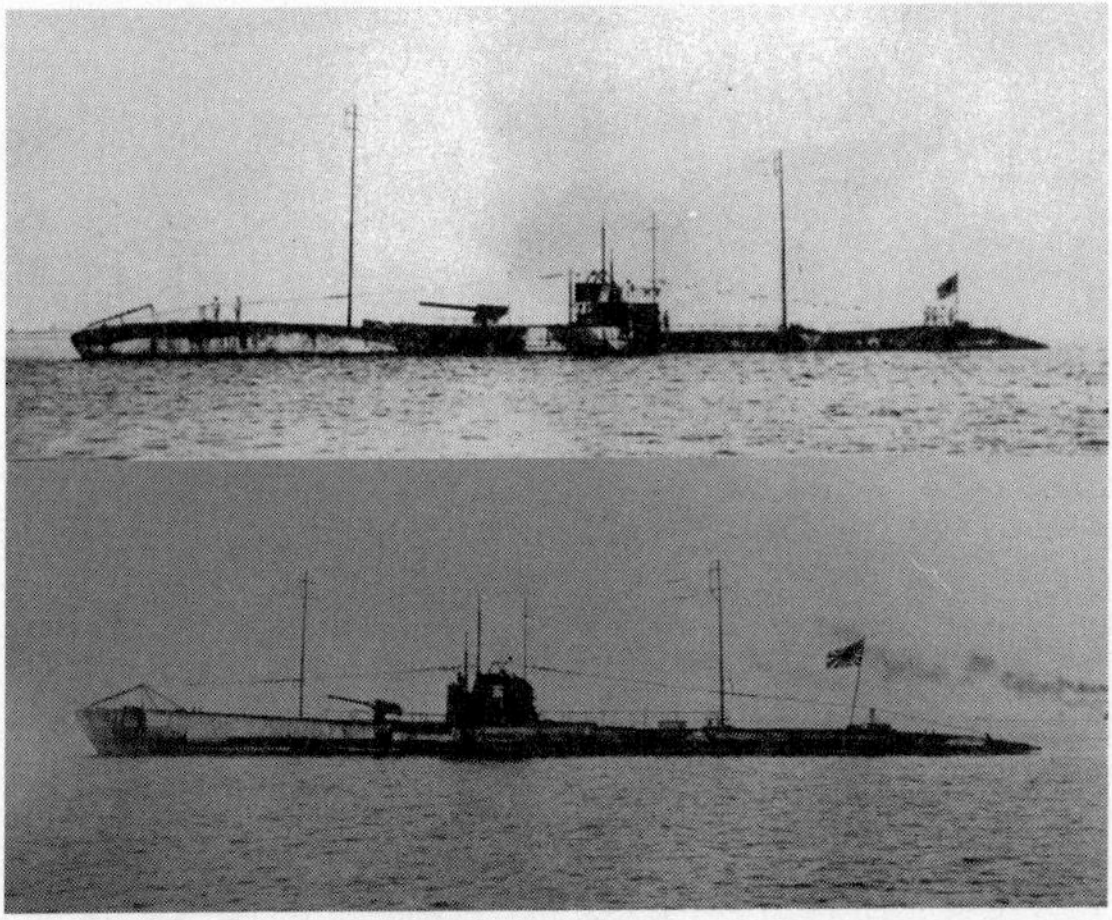

○一号潜水艦（U125・上）と○五号潜水艦（UC99）

そして入手した潜水艦はその後の日本海軍の潜水艦の開発に大きな影響を与えることになったが、その中でもとくに注目を集めたのがU125機雷敷設用潜水艦であった。

当時の日本海軍は潜水艦の開発途上にあり、潜水艦から機雷を敷設するという発想はまったく育っていなかった。それだけに本艦は日本の潜水艦の開発担当者を驚愕させるに十分な艦であったのである。

この艦は機雷敷設用潜水艦として開発されたUB117型の九番艦で、全長八二メートル、基準排水量一一六〇トンという規模は、第一次大戦中に建造されたドイツ潜水艦の中でも最大級に属する艦であった。本艦は最大出力一二〇〇馬力のディーゼル機関二基を装備し、水上での最高速力は一四・七ノットを記録した。

本艦の武装は艦首に魚雷発射管四門を装備し魚雷一〇本を搭載したが、最大の特徴は機雷四二個を装備することであった。機雷は船体後部の機雷庫に搭載され、艦尾両舷に配置された機雷発射（放出）筒から魚雷と同じく、潜航中であっても圧搾空気で後方に向けて発射された。なお搭載されていた機雷はすべて係維式機雷であった。

なおUC90およびUC99も機雷敷設潜水艦であるが、この二隻は近海作戦用で機雷の搭載量も一八個と少なかった。

日本海軍はUB125潜水艦が極めて優れた性能を持っていることを認め、日本海軍の仕様の中で同一の潜水艦の建造を検討し実行に移した。日本海軍はこの日本最初になる機雷敷設潜水艦を伊二一型潜水艦の呼称の下で正式に建造することにしたのであった。建造数は当面四隻とされた。日本海軍は四隻の機雷敷設潜水艦伊二一型を建造したが、それ以後機雷敷設潜水艦を建造することはなかった。

日本海軍は伊二一型機雷敷設潜水艦の設計と建造に際し、UB125潜水艦の開発・設計者の一人であったドイツのゲルマニア造船所技師テッヘル氏を招請し、設計と各種技術指導を仰ぐことになったのである。

設計は大正十二年（一九二一年）に始まり、一号艦の起工は大正十三年十月であった。建造は四隻すべてが川崎造船神戸造船所で行なわれた。

建造に際しては様々な問題が発生したが、一号艦の伊二一号が完成したのは起工三年六ヵ

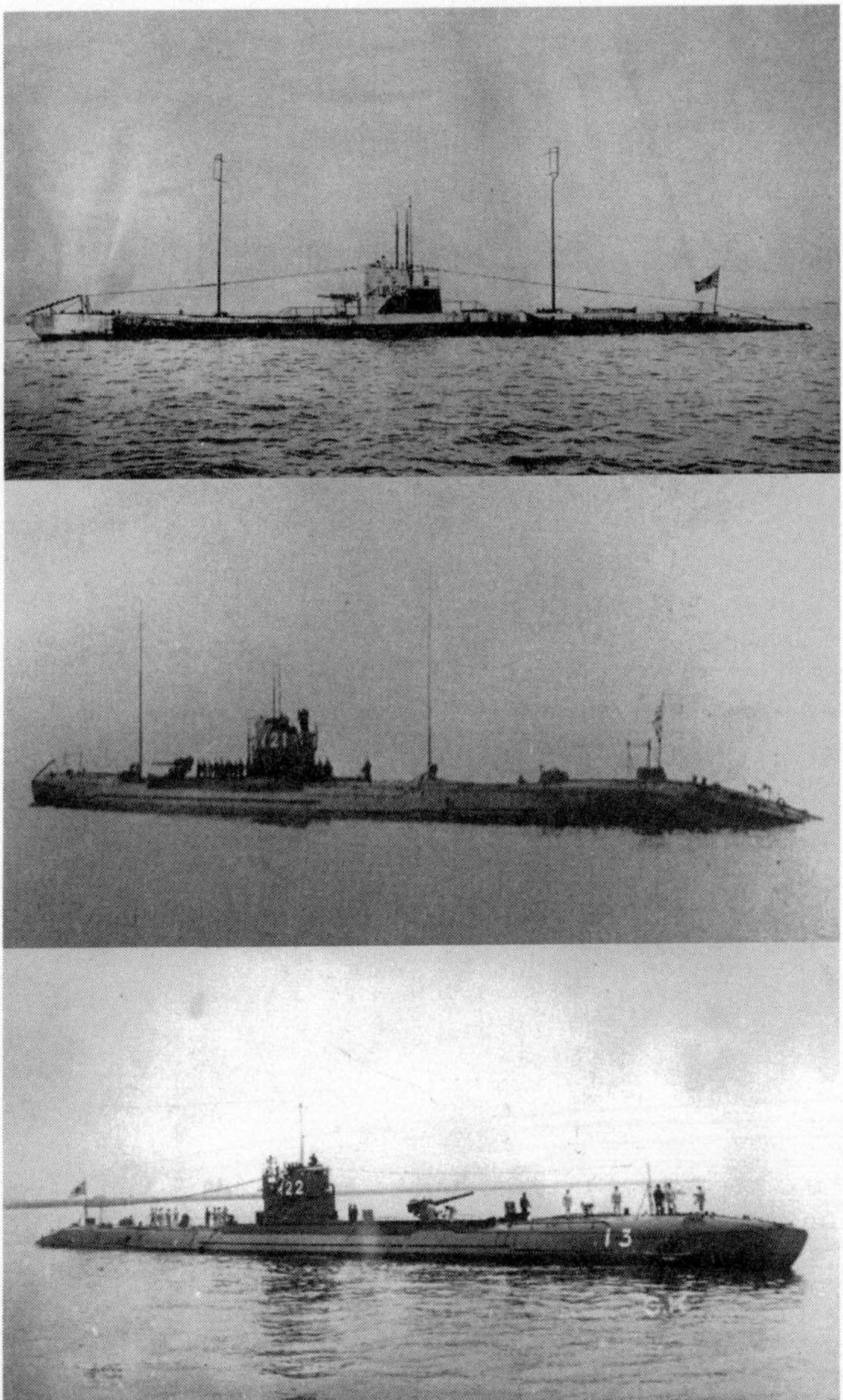

上から〇六号潜水艦（ＵＢ125）、伊21号、伊22号

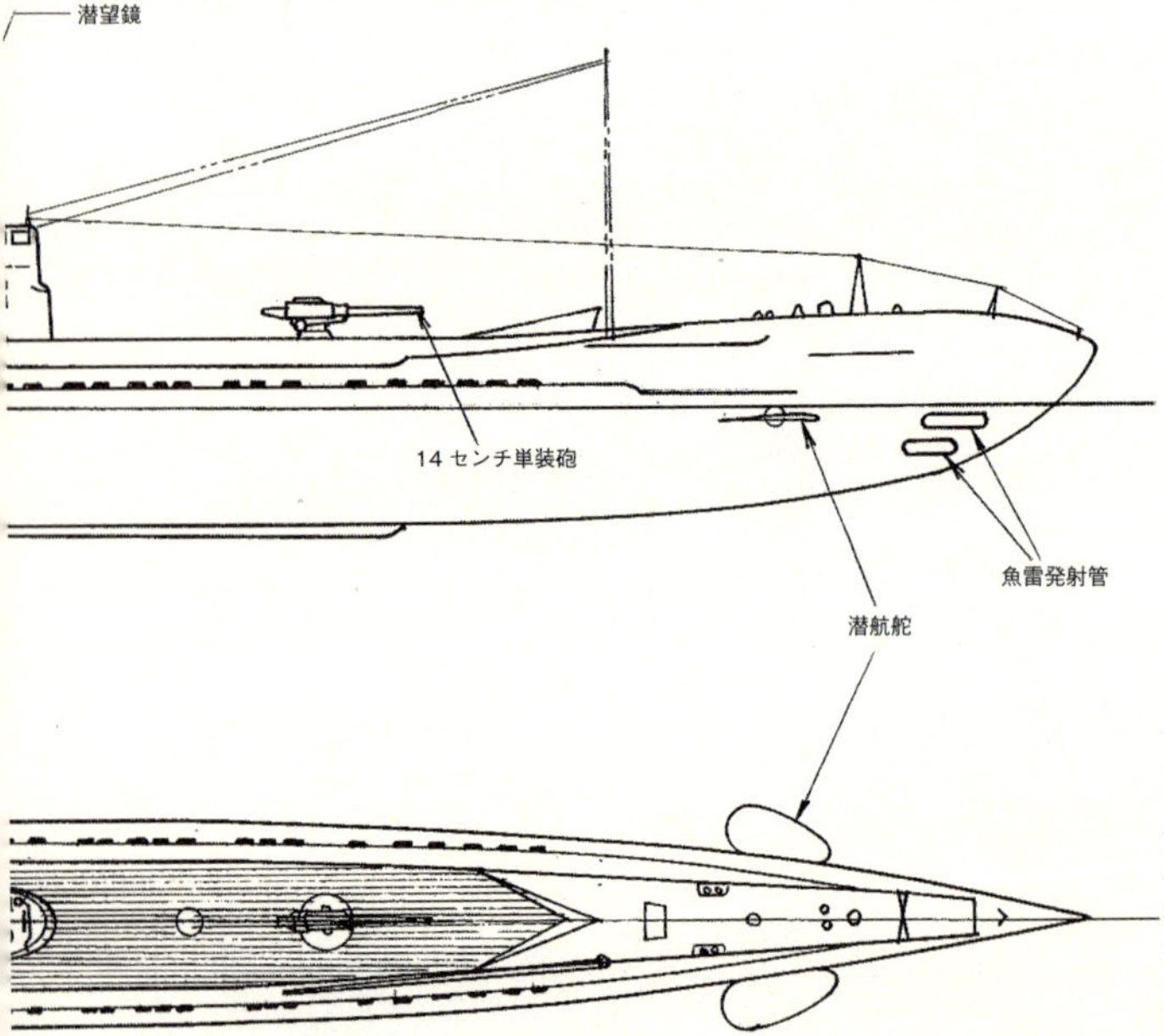
潜望鏡
14 センチ単装砲
魚雷発射管
潜航舵

第４図　伊21型（後の伊121型）機雷敷設潜水艦

基準排水量（水上）	1142トン	最高速力（水上）	14.9ノット
（水中）	1383トン	（水中）	6.5ノット
全　　長	85.2メートル	安全潜航深度	100メートル
全　　幅	7.52メートル	機雷搭載量	42個
主機関（水上）	ディーゼル機関２基（合計出力2400馬力）		
（水中）	蓄電池駆動電動機２基（合計出力1100馬力）		

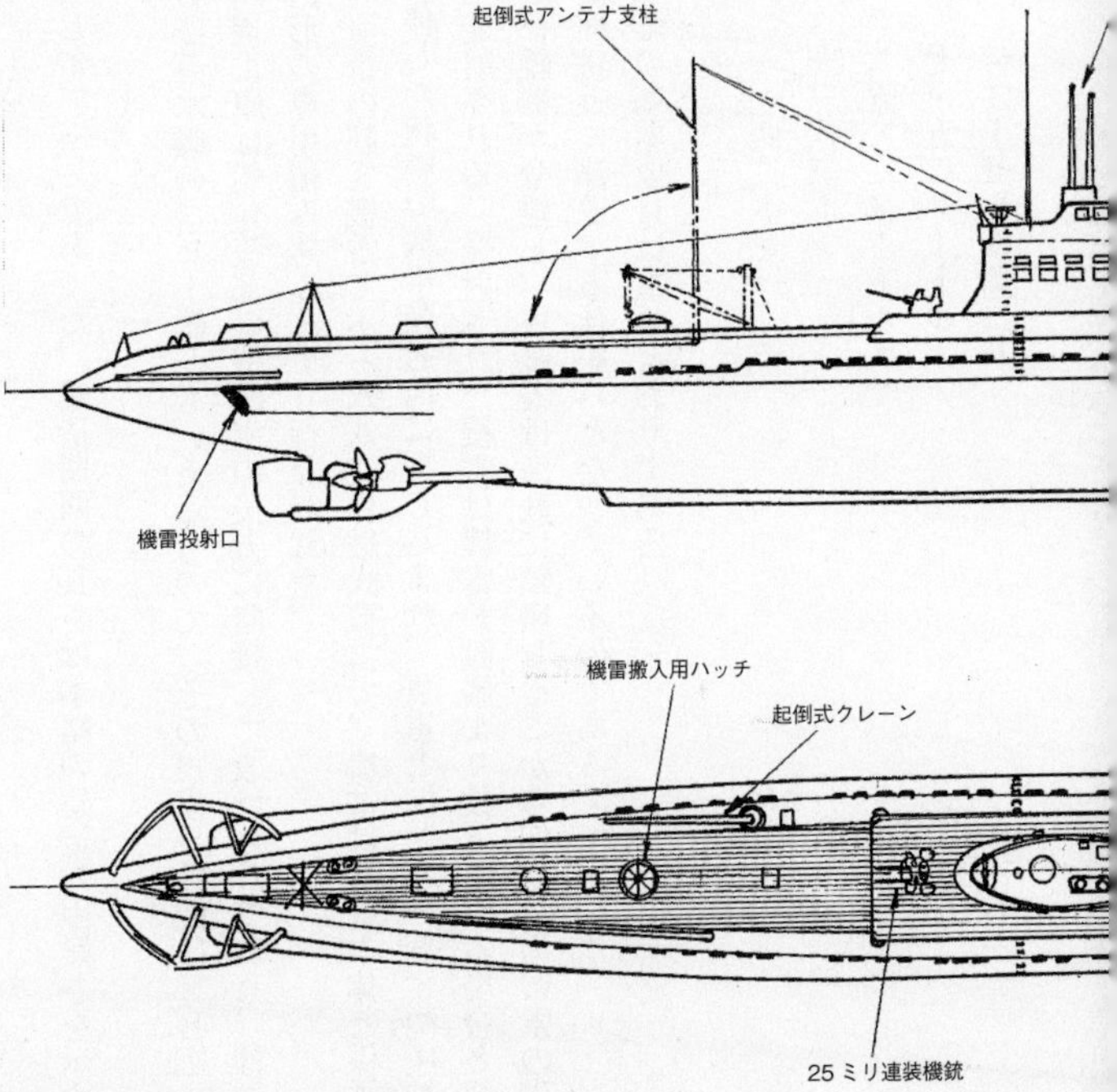

月後の昭和二年（一九二七年）三月であった。建造期間の長さは本艦の建造の困難さを示すものである。

本艦は実質的にはUB125潜水艦のコピー艦ともいえるもので、その規模や性能はUB125号潜水艦に酷似していた。機雷庫は船体後部の機関室の後方に隣接して設けられており、機雷の積み込みは甲板上の円形の専用積み込み孔より行なわれた。

搭載される機雷は日本海軍の制式機雷である八八式係維式機雷で、機雷は機雷本体と係維器（重錘を兼ねる）と合体した状態で機雷発射筒に押し込まれ、魚雷と同じく一個ずつ圧搾空気で艦尾方向に向けて発射される。発射された機雷は機雷敷設艦より投下される場合と同じく、以後は機雷本体と係維器が分離し、係維器は海底に鎮座しそこから伸びた係留索の先端につながった機雷が海面付近に浮遊する仕組みとなっているのである。

伊二一型機雷敷設潜水艦の基本要目は次のとおりである。

基準排水量（水上）　一一四二トン
常備排水量（水上）　一三八三トン
全長　八五・二メートル
全幅　七・五二メートル
主機関（水上）　ディーゼル機関二基

（水中）　蓄電池駆動電動機二基
最大出力（水上）　ディーゼル機関二基合計二四〇〇馬力
（水中）　電動機二基合計一一〇〇馬力
最高速力（水上）　一四・九ノット
（水中）　六・五ノット
航続距離（水上）　八ノットで一万〇五〇〇カイリ（約一万九四五〇キロ）
（水中）　四・五ノットで四〇カイリ（約七四キロ）
武装　一四センチ単装砲一門
五三センチ魚雷発射管四門（艦首）
魚雷一二本
機雷発射管二門
機雷四二個
安全潜航深度　七五メートル
最大許容潜航深度　一〇〇メートル

なお伊二一型機雷敷設潜水艦四隻（伊二一号〜伊二四号）は、昭和十三年度に実施された潜水艦呼称の変更により、以後は伊一二一号〜伊一二四号と呼ばれることになった。

太平洋戦争開戦当時、伊一二一型潜水艦四隻はフィリピン攻略作戦の支援を目的に編成された第三艦隊に配置されていた。そして第九および第十（各二隻編成）の二個潜水隊を編成し、両潜水隊の四隻はそれぞれ次のような機雷敷設作戦を展開した。

伊一二一潜水艦　第十三潜水隊を編成。シンガポールを基地とするイギリス極東艦隊の行動を阻止することを目的に、シンガポール北部海域への機雷の敷設。以後、チモール海などオーストラリア北部海域の哨戒任務。

伊一二二潜水艦　第十三潜水隊を編成。伊一二一号と同じ行動。

伊一二三潜水艦　第九潜水隊を編成。ジャワ方面からのオランダ海軍の来攻に備え、ボルネオ島北東部のバラバック海峡に機雷を敷設。その後オーストラリア北部のトレス海峡に機雷を敷設。以後、北部海域で哨戒活動を展開。

伊一二四潜水艦　第九潜水隊を編成。フィリピン在泊のアメリカ東洋艦隊の行動を阻止するために、マニラ湾外に対し機雷敷設。以後、オーストラリア西部海域の哨戒活動を展開。

四隻による機雷敷設作戦は開戦当時の一時期に哨戒活動と併用して行なわれたが、その最中の昭和十七年一月二十日、オーストラリア北西部のポートダーウィン沖で機雷敷設中の伊一二四号は、アメリカ海軍駆逐艦エドソルおよびオーストラリア海軍の駆逐艦の攻撃を受け撃沈されている。

昭和十七年五月、大型飛行艇（二式大艇）によるハワイの真珠湾偵察と爆撃が計画された。この計画は途中で燃料の補給が必要であり、その燃料補給任務に本機雷敷設潜水艦が充当される計画が持ち上がった。同艦に装備された機雷庫を燃料庫（ガソリン庫）として転用する計画である。しかしこの計画はフレンチ・フリゲート礁を中継基地として使うことに変更され、給油艦としての改造は中止されている。

その後残る三隻の機雷敷設潜水艦は、容量の大きな機雷庫を貨物艙としてニューギニアおよびソロモン諸島方面への隠密の物資輸送に使われたが、三隻とも老朽化が進んでおり第一線任務につくことは無理と判断され、以後は日本国内の瀬戸内海方面で訓練艦として運用された。しかしこの間に二隻が失われ、終戦時に残存していたのは伊一二一号のみであった。伊一二一型（旧艦名伊二一型）潜水艦は日本海軍の中では特筆すべき潜水艦と言えるのである。

第3章　輸送潜水艦

日本海軍は他国海軍にはほとんど見られない用途に潜水艦を活用しようとした。その用途とは、

イ、潜水艦に航空機を搭載し、これを艦隊の目として運用すること。あるいは隠密裏の敵要地の航空偵察行動。さらにはより多くの航空機を搭載し敵地または敵艦に対する奇襲攻撃を行なうこと。

ロ、最前線基地に対する隠密裏の物資および人員輸送を行なう。

このロの目的のために開発された日本の輸送潜水艦四種類について紹介する。

伊三五一型補給（潜補）潜水艦

本潜水艦の開発の基本構想は、日本海軍の仮想敵国であるアメリカとの戦争を想定し、海

上戦闘を有利に展開するための手段の一つとして考え出されたものであった。

昭和十一年（一九三六年）に日本海軍内で、将来の日米開戦に際して日本艦隊をいかに有利な戦法で展開させるか、という課題に対する研究が行なわれた。

この課題に対する最終的な回答は、

「アメリカ海軍に対し、有利に戦いを展開する手段は、アメリカ太平洋艦隊の全力の早期出撃を強要することで戦端を開くこと。その方法はアメリカ太平洋艦隊の拠点基地であるハワイの真珠湾に、敵航空母艦を主体とする主力艦隊が在泊する場合、敵の不意に乗じ航空機（航空母艦搭載の攻撃機あるいは大型飛行艇群）でこれを急襲し、敵の総出動を強要し、これを洋上であらかじめ待ち伏せている日本艦隊の全力で撃滅する」

というものであった。

この構想は日本海軍の連合艦隊がその後の日米開戦の際に適用した考えと極めて近似のものとなっている。

この回答を基本理念として以後の日本海軍が強化したものが、多数の航空母艦を基盤とした機動部隊の育成と強化、そして今一つが大型飛行艇の補給のための中継基地の構築であった。事実、大型飛行艇の中継基地の構想の一環として建造されたものが、飛行艇母艦「秋津洲」である。また「秋津洲」よりさらに隠密行動が可能な、給油・中継基地用潜水艦として計画されたのが、ここで述べる伊三五一型補給潜水艦であった。

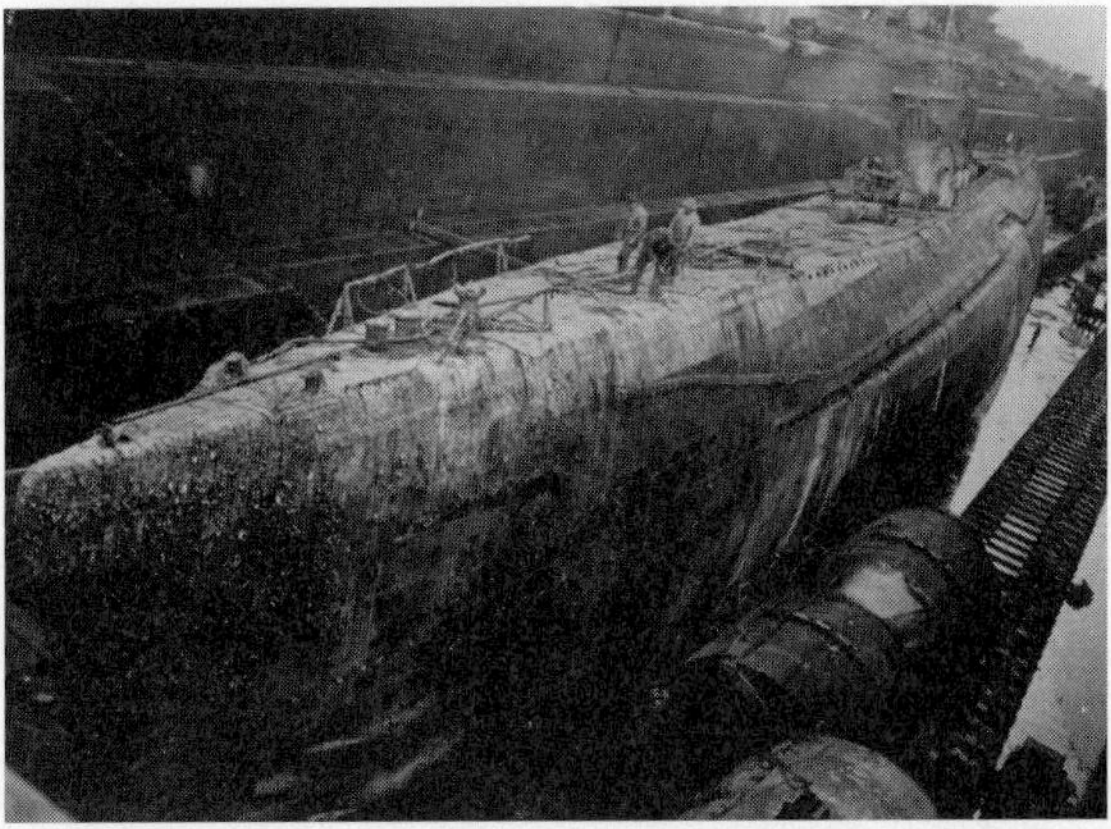

伊352号

しかしこの補給潜水艦の構想は、機動部隊の敵泊地の猛攻撃の実現で一旦は消滅することになった。しかし本艦が大量の航空機用燃料や各種機材、あるいは大量の武器・弾薬、さらに糧秣などの輸送が可能であることから、本艦を陸戦隊や航空戦隊の最前線基地となる離島への補給任務に最適であるとする考えから、改めてこの大型補給潜水艦の建造が進められることになった。

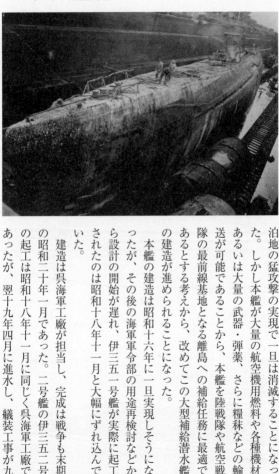

本艦の建造は昭和十六年に一旦実現しそうになったが、その後の海軍軍令部の用途再検討などから設計の開始が遅れ、伊三五一号艦が実際に起工されたのは昭和十八年十一月と大幅にずれ込んでいた。

建造は呉海軍工廠が担当し、完成は戦争も末期の昭和二十年一月であった。二号艦の伊三五二号の起工は昭和十八年十一月に同じく呉海軍工廠であったが、翌十九年四月に進水し、艤装工事が九

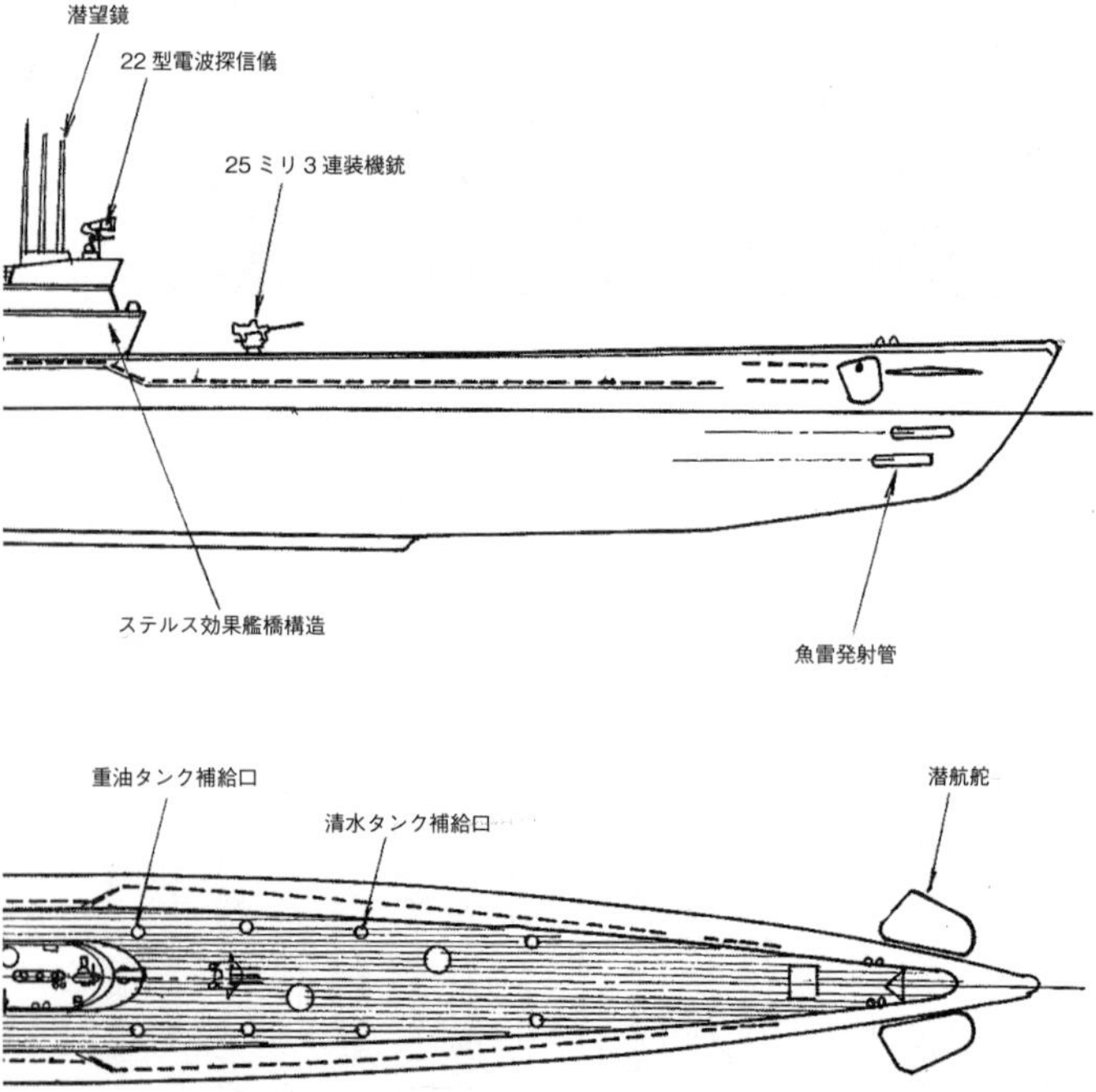
潜望鏡
22型電波探信儀
25ミリ3連装機銃
ステルス効果艦橋構造
魚雷発射管
重油タンク補給口
清水タンク補給口
潜航舵

第5図　伊351型潜水艦（潜水補）

基準排水量	（水上）	2650トン	物資搭載量	航空機用燃料500キロリットル
	（水中）	3512トン		又は各種物資400トン
全　　長		111.0メートル	安全潜航深度	90メートル
全　　幅		6.14メートル		
主 機 関	（水上）	艦本式22号10型		
		ディーゼル機関2基	（合計出力3700馬力）	
	（水中）	蓄電池駆動電動機2基	（合計出力2400馬力）	
最高速力	（水上）	15.8ノット		
	（水中）	6.3ノット		

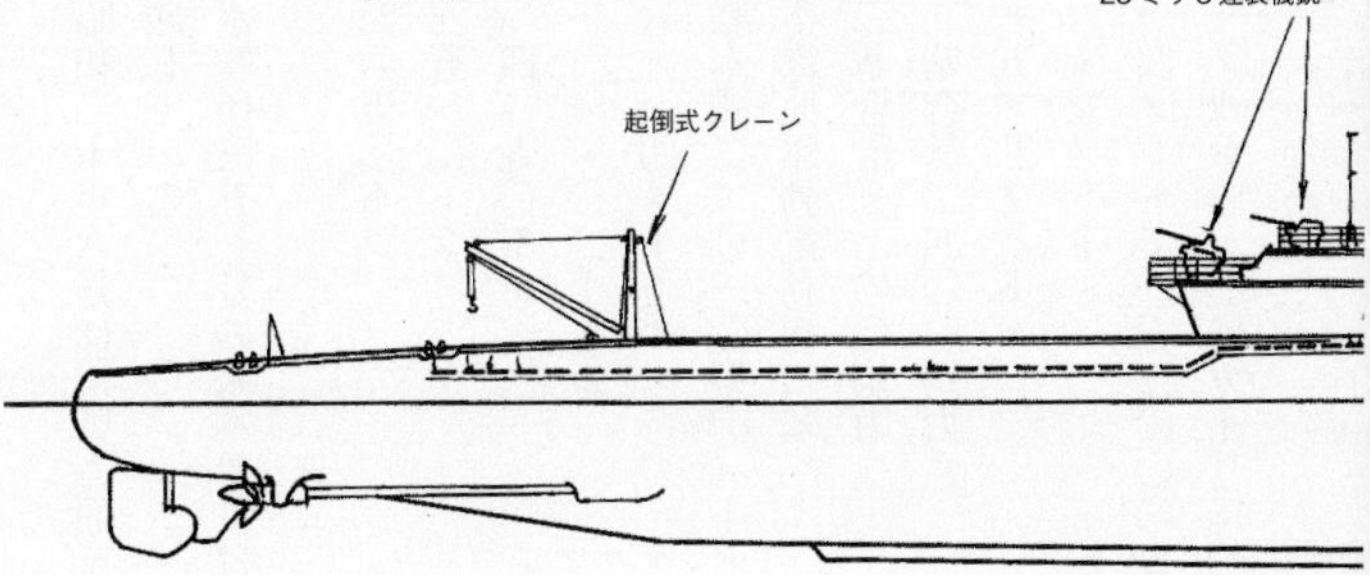

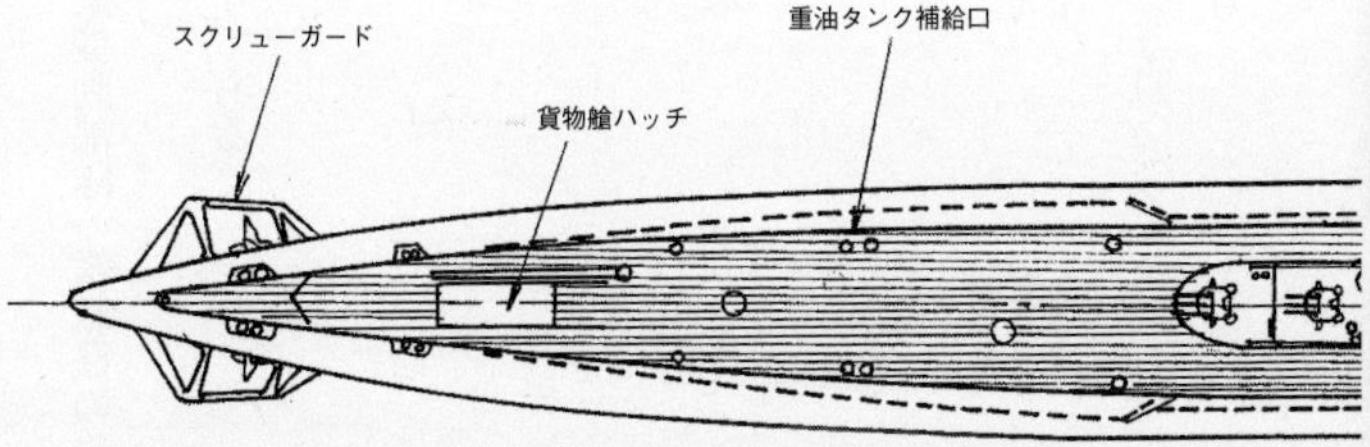

〇パーセントに達していた昭和二十年六月に、呉方面を襲撃した敵機動部隊の艦載機の攻撃で破壊され、艤装岸壁で着底している。

唯一完成した大型輸送潜水艦伊三五一号の基本要目は次のとおりである。

基準排水量（水上）　二六五〇トン
常備排水量（水上）　三五一二トン
　　　　　（水中）　四二九〇トン
全長　一一一・〇メートル
全幅　六・一四メートル
主機関（水上）　艦本式二二号一〇型ディーゼル機関二基
　　　（水中）　蓄電池駆動電動機二基
最大出力（水上）　二基合計三七〇〇馬力
　　　　（水中）　二基合計二四〇〇馬力
最高速力（水上）　一五・八ノット
　　　　（水中）　六・三ノット
航続距離（水上）　一四ノットで一万三〇〇〇カイリ（約二万四〇〇〇〇キロ）
　　　　（水中）　三ノットで一〇〇カイリ（約一八五キロ）

搭載量　航空機燃料（ガソリン）五〇〇キロリットル（戦闘機一〇〇〇機分）
または各種物資四〇〇トン
武装　二五ミリ連装機銃三基および同単装機銃一梃
五三センチ魚雷発射管四門（艦首）
魚雷四本
安全潜航深度　九〇メートル

本艦は完成後の訓練が終了した後、昭和二十年五月一日に呉を出港しシンガポールへ向かった。目的は航空機用ガソリンの輸送である。

本艦は呉出港後、沖縄戦最中の危険な東シナ海そして南シナ海を通過し、無事にシンガポールに到着している。そして航空機用ガソリン五〇〇キロリットルを搭載し、六月三日に無事に（むしろ奇跡的に）佐世保に帰還している。このとき運ばれた航空機用ガソリンは戦時中に日本に運び込まれた最後の南方ガソリンとなった。

本艦は折り返し六月二十二日に佐世保を出港し、再びシンガポールへガソリン引き取りに向かった。そして無事にシンガポールに到着しガソリン五〇〇キロリットルを積み込み日本へ向かった。

しかし七月十四日、同艦は南シナ海において哨戒中の米潜水艦ブルーフィッシュの魚雷二本を受け爆沈した。
本艦は後章で述べる航空潜水艦伊四〇〇型に次ぐ当時世界屈指の巨大潜水艦であった。

伊三六一型輸送大型（丁型）潜水艦

本潜水艦は通常の攻撃型潜水艦ではなく、海軍陸戦隊の兵員や物資を離島などに隠密裏に上陸させることを目的とした、敵拠点に対する奇襲上陸攻撃用に計画された潜水艦である。このために本潜水艦の呼称もそれまでの攻撃型潜水艦の呼称となっていた、甲・乙・丙型とは区分され、丁型の呼称となっている。

潜水艦を使い陸兵戦力を離島へ送り込む奇襲攻撃は、決して架空の作戦ではなく現実に起きている。昭和十七年（一九四二年）八月、日本が守備する中部太平洋ギルバート諸島のマキン島に、アメリカ海兵隊が上陸して来たのだ。

八月十七日、二隻の潜水艦（ノーチラスおよびアーゴノート）に分乗したアメリカ海兵隊のコマンド隊の一個中隊二一一名が突如、マキン島に上陸した。上陸部隊はノーチラスの砲撃の援護を受け上陸し、日本の守備隊との間で激しい交戦を展開した。しかしコマンド隊は同島を占領することなく、四二名の犠牲者を出し再び潜水艦で撤退した。上陸は潜水艦からゴムボートに移乗し行なわれたのだ。

この事件が本艦を建造する直接の要因になったことは確かであるが、その後海軍の本艦の用途に対し構想は二転三転することになった。つまり本艦を奇襲攻撃用として運用するばかりでなく、ガダルカナル島に対する物資輸送の経験から、離島などに対する隠密行動での物資輸送にも使う、という考え方が大勢を占め始めたのであった。

本艦の建造は最終的には昭和十八年に入り決定されたが、このときには本艦の建造目的は物資輸送専用の潜水艦「潜輸」となり、陸兵の搭載の考えは放棄されていた。

本艦の物資搭載能力は計画では艦内に一二五トン、艦外に二〇トンとされた。艦外の二〇トンは本艦の甲板上に防水構造に改良した大発動艇（通称、大発）二隻を搭載し、これにそれぞれ一〇トンの物資を積載し甲板上に固定する方式とされたのである。

しかしその後、本艦の水中航続距離を増す要請が出され、その対策として艦内の貨物艙の一部を蓄電池室に置き換えることが決まり、艦内の貨物搭載量は六五トンに半減することになった。

本艦は昭和十七年度の戦時艦艇緊急建造計画の最終案の中で一一隻の建造が承認されたが、その後昭和十八年度の戦時艦艇追加増備建造計画の中で、本艦の七隻建造が追加された。その結果、本艦の建造計画は合計一八隻となったが、結果的には起工されたのは一三隻のみであった。

本艦の一号艦である伊三六一号は呉海軍工廠で昭和十八年二月に起工され、翌年五月に完成している。そして最終一三号艦（伊三七三号）の起工は昭和十九年二月で、完成は同年十一月となった。

本艦の基本要目は次のとおりである。

基準排水量（水上）　一四四〇トン
常備排水量（水上）　一七七九トン
全長　七三・五メートル
全幅　八・九メートル
最大深さ　四・七六メートル
主機関（水上）　艦本式二三号乙八型ディーゼル機関二基
（水中）　蓄電池駆動電動機二基
最大出力（水上）　二基合計最大出力一八五〇馬力
（水中）　二基合計最大出力一二〇〇馬力
最高速力（水上）　一三ノット
（水中）　六ノット
推進軸数　二軸
航続距離（水上）　一〇ノットで一万五〇〇〇カイリ（約二万七八〇〇キロ）

（水中）　　三ノットで一二〇カイリ（約二二二キロ）
貨物搭載量　　六五トン（艦内）、二〇トン（艦外）
武装　　一四センチ単装砲一門
　　二五ミリ単装機銃一梃
安全潜航深度　　七五メートル

本艦の艦内貨物艙は船体両舷の外殻に設けられたバラストタンクの一部を改造しており、この外殻が大きく設けられていたために、たとえば同規模の伊一七六型などに比較し船体幅が大きく、船体の全長に対する全幅の比（縦横比率）は伊一七六型の一二・八に対し八・三と小さく、潜水艦には似つかわしくないほどズングリした外形が本艦の大きな特徴でもある。

本艦の外観上のもう一つの特徴として甲板上の司令塔の構造があった。本艦の司令塔は側面と正面の断面の形状は逆台形となっている。この構造は現在艦艇や航空機に応用されている敵のレーダー探索に対する対策と同じ構想のもので、一種のステルス効果を狙ったものである。つまり司令塔に照射されたレーダー波を下方に反射させ効果を大幅に減衰させることを狙ったものである。

本艦の建造には全面的に電気溶接を取り入れたブロック建造方式が採用され、建造期間の大幅な短縮を狙った。建造は呉海軍工廠と三菱造船神戸造船所で行なわれ、一号艦の伊三六

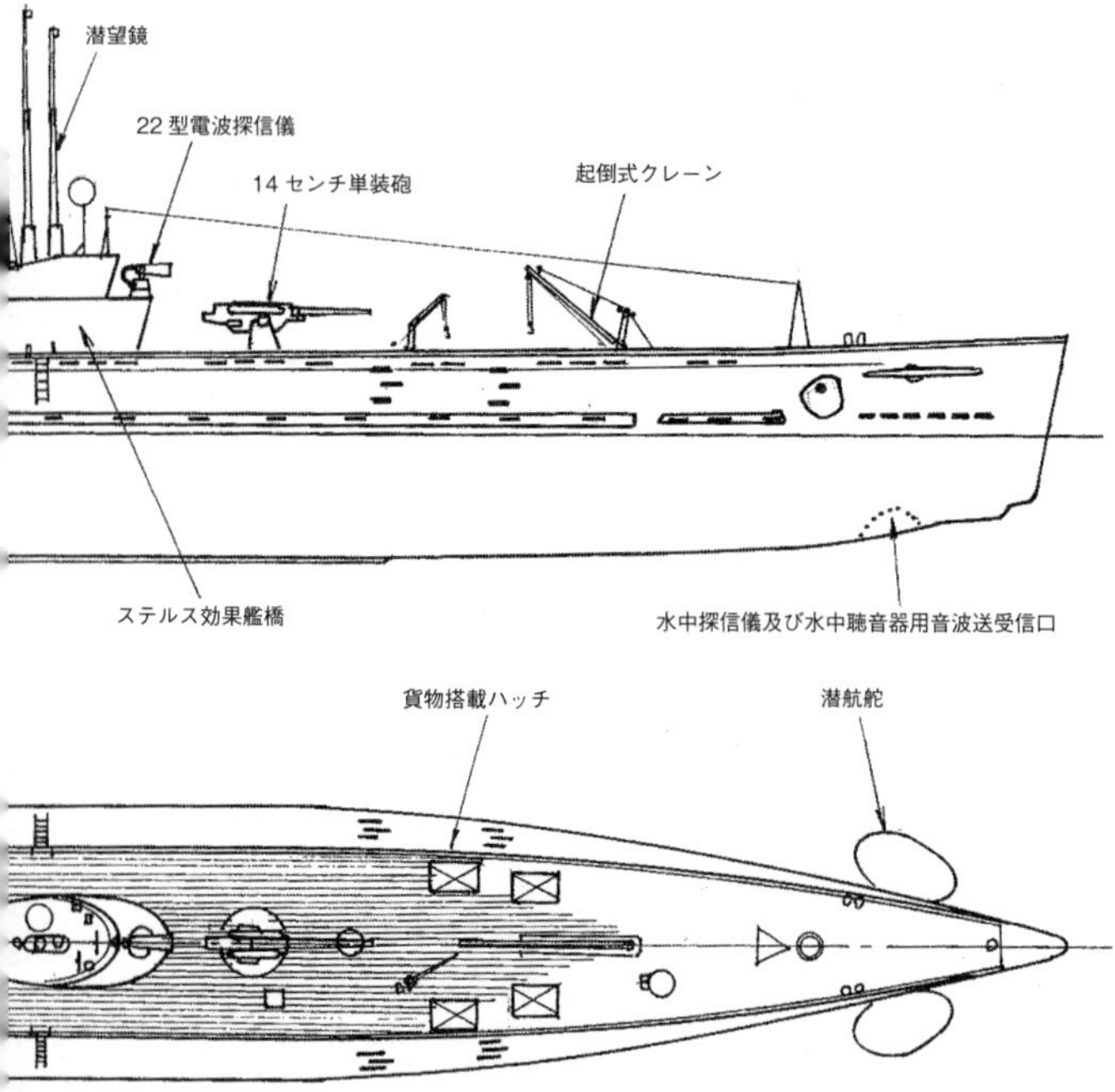
潜望鏡
22 型電波探信儀
14 センチ単装砲
起倒式クレーン
ステルス効果艦橋
水中探信儀及び水中聴音器用音波送受信口
貨物搭載ハッチ
潜航舵

第6図　伊361型大型輸送潜水艦（丁型潜水艦）

基準排水量	（水上）	1440トン
	（水中）	1779トン
全　　長		73.5メートル
全　　幅		8.9メートル
主　機　関	（水上）	艦本式23号乙8型ディーゼル機関2基（合計出力1850馬力）
	（水中）	蓄電池駆動電動機2基（最大出力1200馬力）
最高速力	（水上）	13.0ノット
	（水中）	6.0ノット
安全潜航深度		75メートル
貨物搭載量		合計85トン

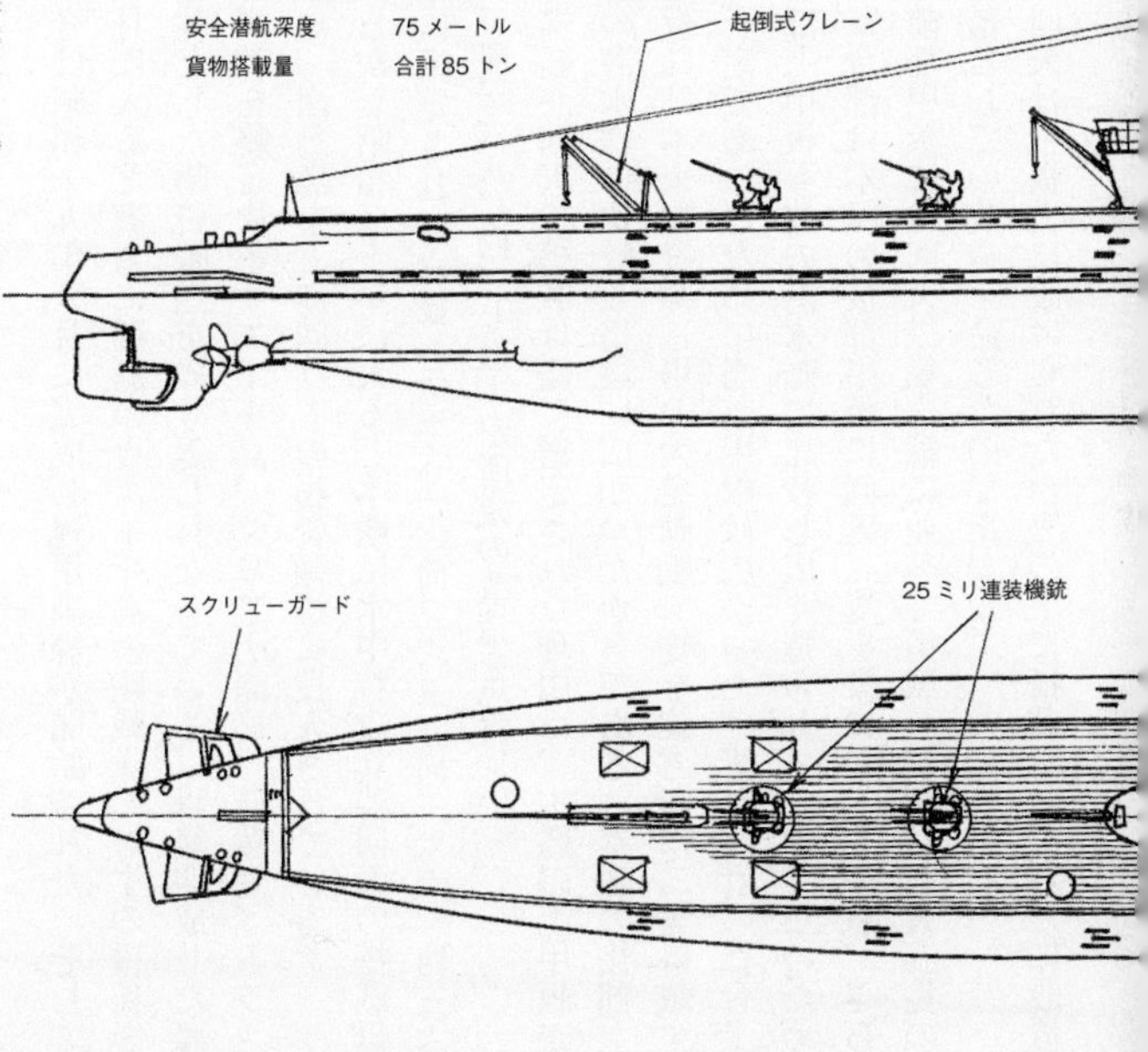

回天を搭載した伊361号

一号は昭和十九年五月に完成し運用訓練が開始された。そして八月に入ると直ちに孤島のウエーキ島の陸戦隊に対する糧秣を主体とした物資輸送を繰り返し行なっている。以後完成した艦は訓練を終了次第ウエーキ島、マリアナ諸島、硫黄島、トラック島、南鳥島などに向けての物資輸送に投入されている。

しかし昭和二十年に入ると本艦は水中特攻兵器回天の搭載母艦に指定され、六隻（伊三六一、同三六三、同三六六、同三六七、同三六八、同三七〇）が所定の改造を受けた。

本艦が回天の搭載母艦に選定された理由は、本艦の上甲板が他の潜水艦に比較し格段に広かったからである。本艦の後部上甲板には本来物資輸送用の大発動艇二隻を縦方向に二隻搭載する予定であったために当該甲板は広かった。また設計の都合上、前部上甲板も他の潜水艦に比較し広く造られていた。このために軍令部は本艦の後部甲板に回天三隻を縦に並べて搭載、さらに前部甲板には回天二隻を縦に並べて搭載し、合計回天五隻の母艦としての改造を命じたのであった。

回天は甲板上に設けられた台座の上に搭載され、新たに設置された固定金具で固定された。一方回天搭乗員（各艇一名）は潜航中に母艦の潜水艦から専用の連絡通路を通り回天に乗り込むようになっていたが、母艦の上甲板に新たに円形の連絡口が設けられ、回天の艇底に設けられた円形の連絡口と連絡筒で連結されるようになっている。出撃に際し回天搭乗員はこの連絡口から回天に搭乗した後、潜水艦側と回天側の連絡口の蓋が密閉されるようになっているのである。

回天は母艦が潜航したまま発進することが可能であるが、この場合、回天を固定している固定金具は母艦側と回天側で外すことができるようになっているのである。

伊三六一型潜水艦を母艦とした回天の戦闘実績については後章の「回天」の項で紹介する。

本艦は建造された一二隻中九隻までが敵の攻撃で撃沈された。

波一〇一型輸送小型（潜輸小）潜水艦

本艦は比較的近距離の前戦基地への物資輸送を目的に建造が計画された輸送潜水艦「潜輸小」である。

本艦は昭和十九年度の緊急艦艇増備計画の中で計画され、建造が決まり直ちに設計が開始されるという、慌ただしい中で計画された非攻撃型の潜水艦である。本艦はその目的から魚雷発射装置は持たず、物資輸送だけを目的とした潜水艦で、大至急の要請での設計と建造にとりかかった。このために全面的に電気溶接を採用したブロック建造方式が取り入れられ、

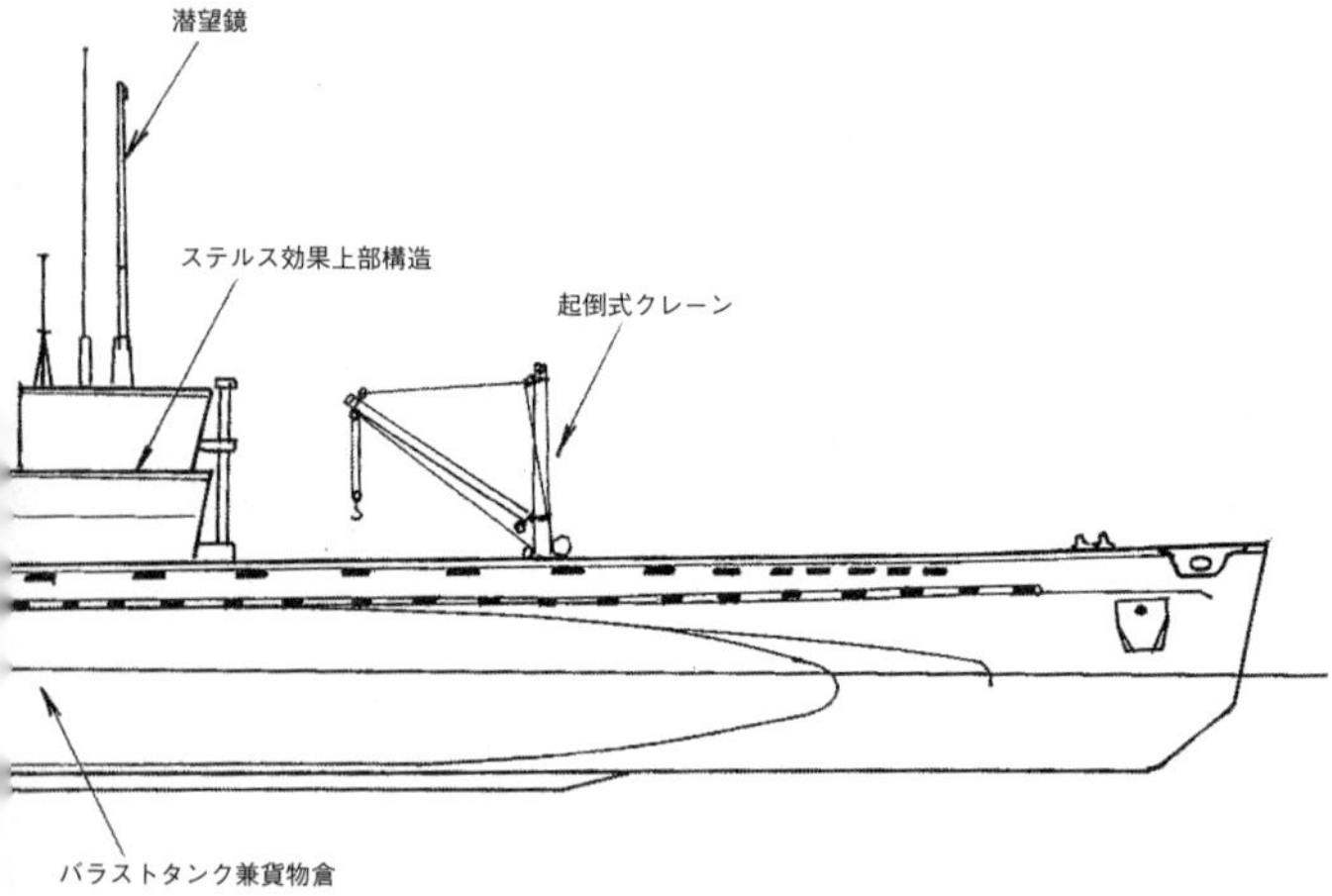
潜望鏡
ステルス効果上部構造
起倒式クレーン
バラストタンク兼貨物倉

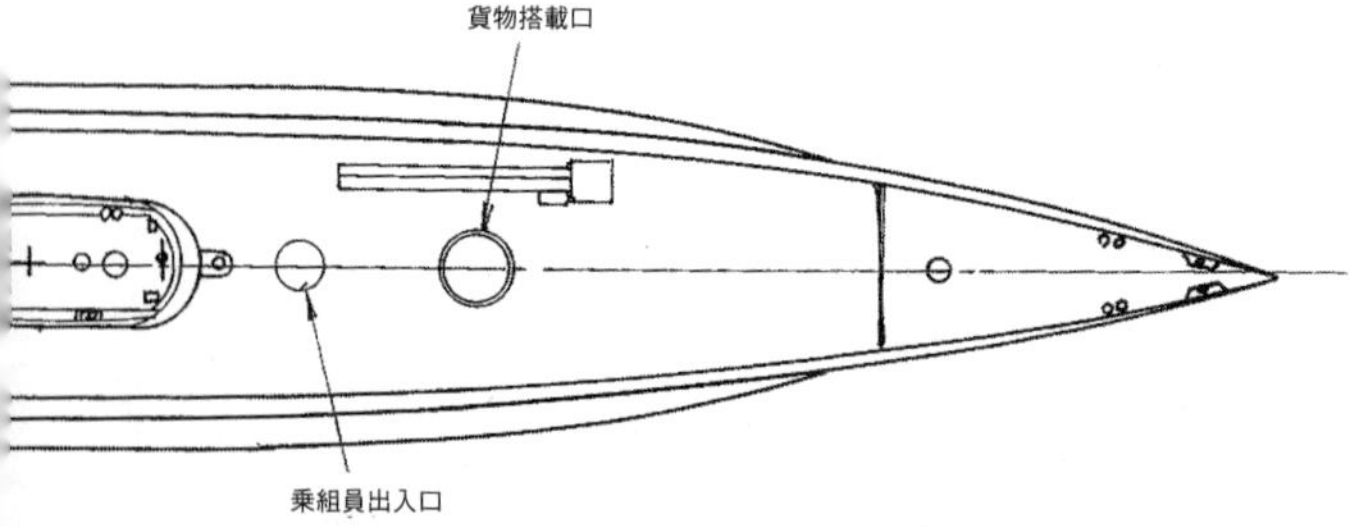
貨物搭載口
乗組員出入口

第7図　波101型小型輸送潜水艦

基準排水量（水上）	370トン
全　　長	44.5メートル
全　　幅	6.1メートル
主 機 関（水上）	中速ディーゼル機関1基（最大出力400馬力）
（水中）	蓄電池駆動電動機1基（最大出力150馬力）
最高速力（水上）	10.0ノット
（水中）	5.0ノット
安全潜航深度	100メートル
貨物搭載量	60トン

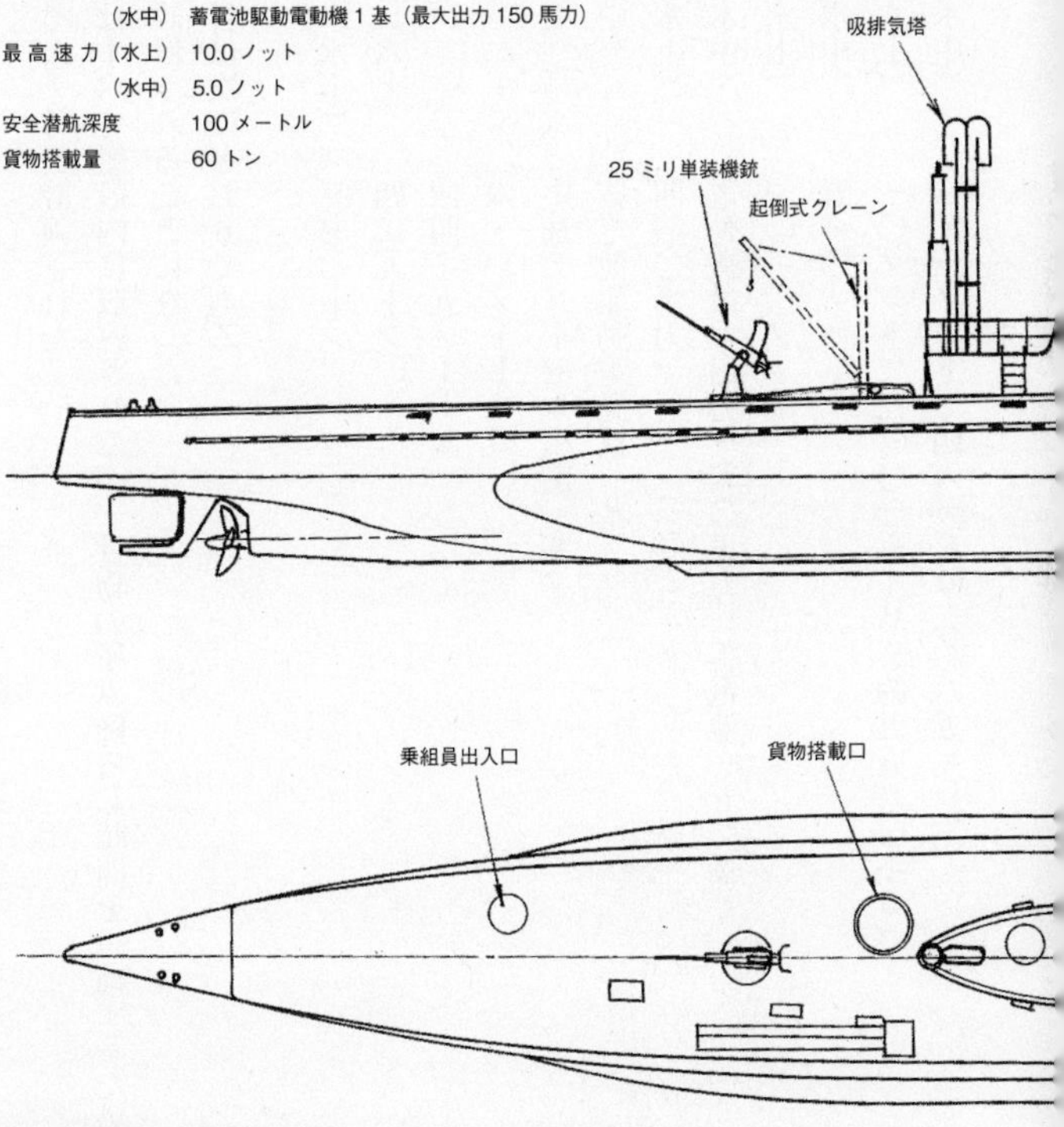

起工から完成まで六ヵ月と計画された。

　搭載する貨物はすべて船殻内に収容されるが、貨物の積み降ろし時間を短縮するために特殊な揚貨装置も設置されることになった。

　本艦の基本要目は次のとおりである。

基準排水量（水上）　三七〇トン
常備排水量（水上）　四二九トン
全長　四四・五メートル
全幅　六・一メートル
主機関（水上）　中速ディーゼル機関一基
　（水中）　蓄電池駆動電動機一基
最大出力（水上）　四〇〇馬力
　（水中）　電動機最大出力一五〇馬力（蓄電池一五〇個）
最高速力（水上）　一〇・〇ノット
　（水中）　五・〇ノット
航続距離（水上）　一〇ノットで三〇〇〇カイリ（約五五六〇キロ）
　（水中）　二・三ノットで四六カイリ（約八五キロ）

波109号と波111号

貨物搭載量　　六〇トン
武装　　二五ミリ単装機銃一梃
安全潜航深度　　一〇〇メートル

本艦の艤装は建造時間の極力の短縮を狙い、構造各所に海防艦や戦時急造型商船に採用されている簡易工作技法が採用されていた。なお敵制空権内での貨物の積み下ろしを考慮し、全六〇トンの貨物の積み下ろしに要する時間は二時間以内で行なえるようになっていた。また急速潜航に要する時間は三〇秒を目標としていた。

本艦も伊三六一型潜水艦と同じく、司令塔はステルス効果を狙った逆台形構造となっていた。本艦も船体の外殻内は燃料槽やメインタンクとして使うほか貨物搭載用の船倉としても使うために、バルジが極端に大型となり、伊三六一型以上にズングリした外観の潜水艦となっている。

本艦は終戦までに合計一二隻が起工されたが完成したのは一〇隻であった。一号艦の波一〇一号は昭和十九年六月に川崎造船神戸造船所で起工され、同年十一月に完成している。
三号艦の波一〇三号以降はすべて昭和二十年に完成であるために、一号艦も含め実際に輸送任務についたことはなく、そのために戦没艦もない。

陸軍潜航輸送艇（まるゆ）

本艇は基本的には陸軍独自の設計と建造指導の下で建造された、極めて特異な存在の潜航艇（陸軍式輸送潜航艇）である。本潜航艇に近い状態で建造された船舶（陸軍であるために「艦」とは称されない）として、陸軍上陸用舟艇母船（神洲丸およびあきつ丸級上陸用舟艇母船）がある。本艇は別称「三式潜航輸送艇」とも呼ばれることあるが正式な名称ではない（通称、まるゆ）。

陸軍は昭和十七年八月から翌年二月まで展開されたソロモン諸島ガダルカナル島攻防戦において、孤島の戦闘における補給の至難性をイヤというほど体験することになった。

この戦闘では多数の輸送船が投入され、また輸送船の代役として海軍の貴重な駆逐艦まで動員することになったが、その大半が強力な敵航空機や敵艦艇の攻撃により撃退され敗退を余儀なくされた。

この輸送作戦の中で輸送量は圧倒的に少なかったが、比較的成功率が高かったのが潜水艦による輸送であった。陸軍はこれにヒントを得て、陸軍独自の輸送専用の潜水艦の建造を計

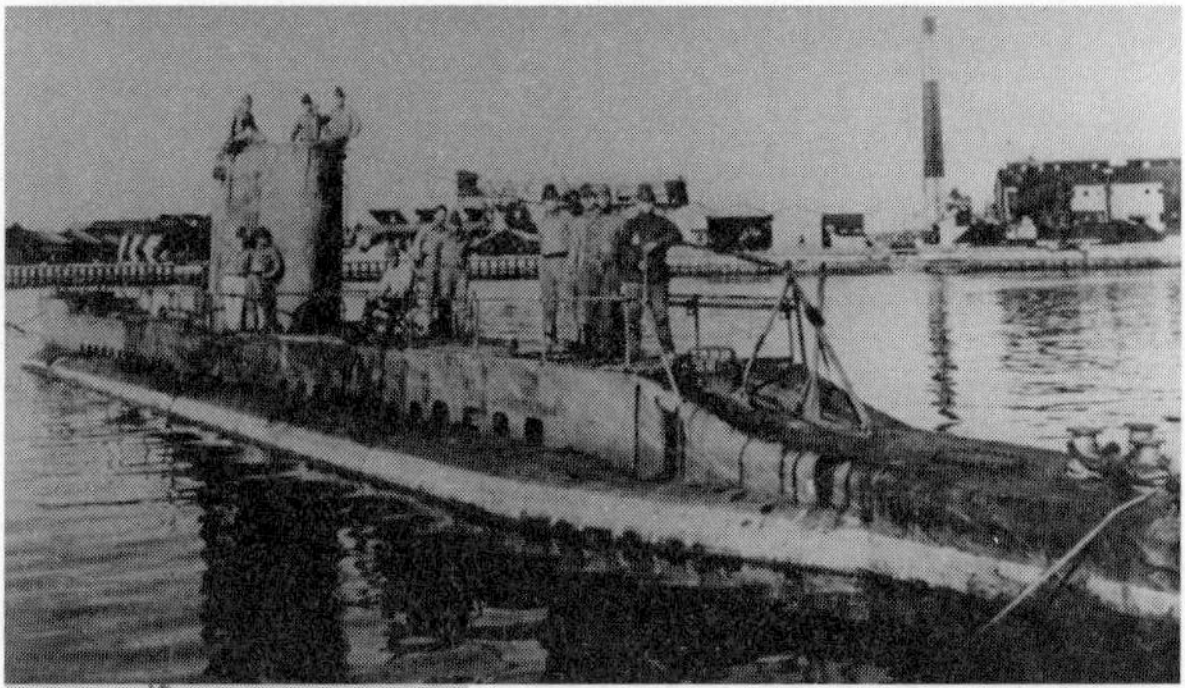

(上)潜航輸送艇まるゆ
(下)まるゆの艦橋

画したのだ。

　この計画は艦船の建造でありながら海軍の力を借りない、むしろ海軍には原則として秘匿で、まったく陸軍独自の命令系統の中で作業を進める方針であったのだ。当時の日本陸軍と日本海軍の閉鎖性、縄張り争いの局地ともいえる推進方法であった。

　当然のことながら陸軍は、それまでいかなる形式であろうと潜水艦など設計したことも

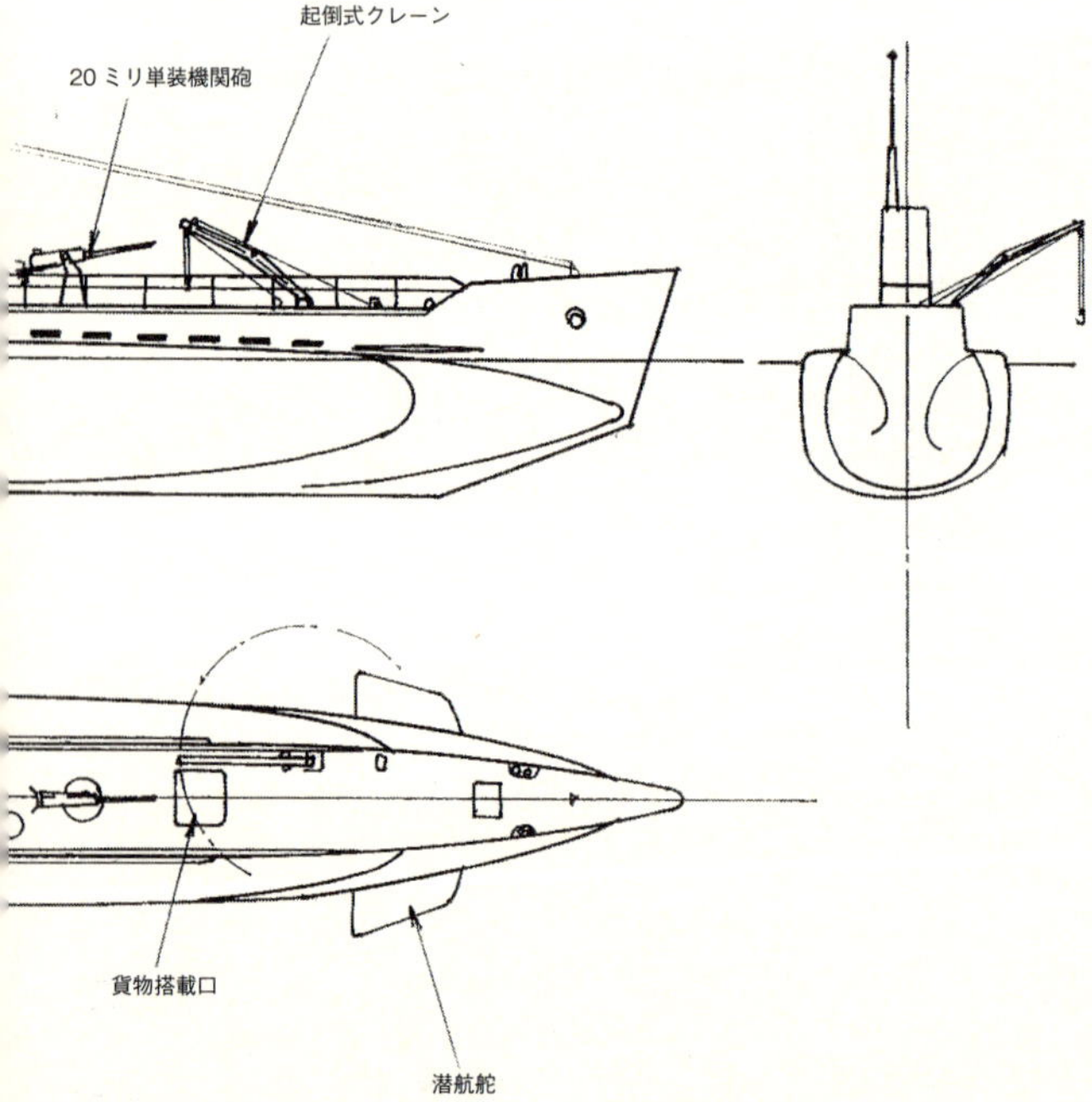
起倒式クレーン
20ミリ単装機関砲
貨物搭載口
潜航舵

第８図　陸軍潜航輸送艇（まるゆ）

基準排水量	（水上）	274 トン	設計安全潜航深度	100 メートル
	（水中）	370 トン	貨物搭載量	24 トン又は兵員 40 名
全　　長		41.4 メートル		
全　　幅		3.9 メートル		
主 機 関	（水上）	ヘッセルマン型ディーゼル機関（最大出力 400 馬力）		
	（水中）	蓄電池駆動電動機（最大出力 75 馬力）		
最 高 速 力	（水上）	7.5 ノット		
	（水中）	3.5 ノット		
航 続 距 離	（水上）	7.5 ノットで 2800 キロメートル		
	（水中）	3.5 ノットで 59 キロメートル		

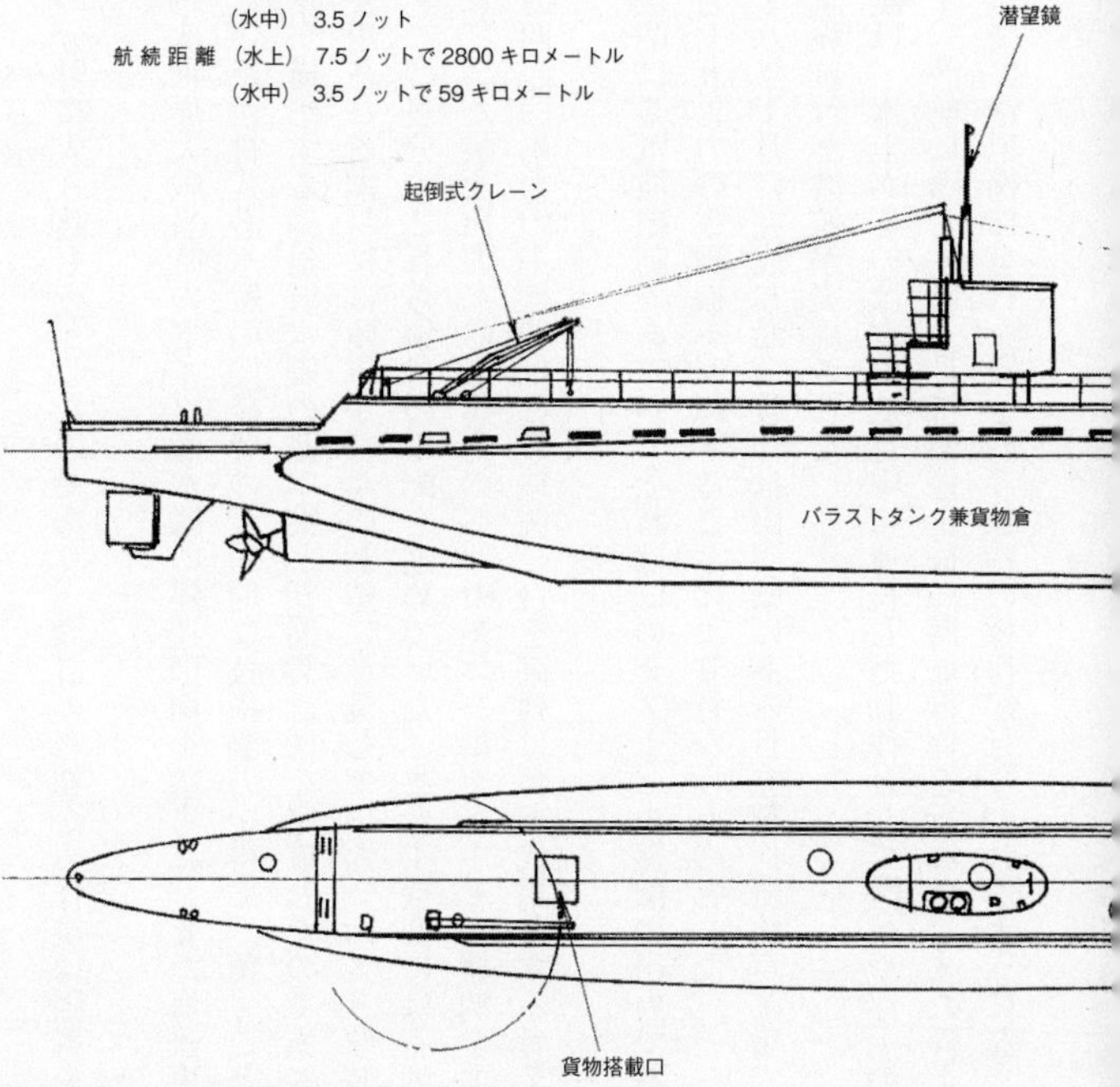

なく、まったく未知の分野に入り込もうとしたのであり、設計の当初から作業は困難を極めた。

陸軍は入手した第一次世界大戦当時のドイツ潜水艦の建造図面を参考に、また海難事故調査時に日本で活用していた西村式潜水艇の開発者の全面的な技術協力を得て、驚くことに昭和十八年初めには陸軍が構想する輸送潜水艇の基本案と初期設計図を完成したのであった。

この輸送潜水艇に使用される鋼材には陸軍が戦車の製造に準備していた一六ミリ厚装甲板を多用することにし、二〇隻分のこれら鋼材の手配も進めていた。また主機関には石油掘削用の動力として使われていた最大出力二〇〇馬力のヘッセルマン型ディーゼル機関を準備し、実際には計画最大出力四〇〇馬力の主機関はこの機関二台を直列に繋ぎ代用とする考えであった。

潜航時の推進用主機関は蓄電池駆動であるが、それはこのディーゼル機関の出力で蓄電した蓄電池を使い、出力七五馬力の電動機を回転することにより行なうものとした。

試作一号艇は昭和十八年十月に完成した。製作は山口県にある日立製作所笠戸工場で行なわれ、完成後直ちに試験航行と潜航が実施された。

ただ完成した潜水艇は、水上あるいは水中航行中に連続した動作として潜航や浮上の操作を行なうことができず、潜航に際しては一旦機関停止後に潜航操作を行ない、また浮上に際しては一旦機関を停止後に浮上操作を行なうという独特の操作が行なわれるようになっていた。

しかしこの不連続な動作も、後に装置の改良により航行中での急速潜航や急速浮上も可能な域に改良されている。

本艇の建造には既存のリベット工作方式と電気溶接方式が混用されているが、基本的には急速建造を目的としてブロック建造方式が採用されていた。

本艇の基本要目は次のとおりである。

基準排水量（水上）　二七四トン
（水中）　三七〇トン
全長　四一・四メートル
全幅　三・九メートル
吃水　二・九七メートル
主機関（水上）　一軸推進ヘッセルマン型ディーゼル機関一基
（水中）　一軸推進蓄電池駆動電動機一基
最大出力（水上）　四〇〇馬力
（水中）　七五馬力
最高速力（水上）　七・五ノット

（水中）　三・五ノット
航続距離（水上）　七・五ノットで一五〇〇カイリ（約二八〇〇キロ）
（水中）　三・五ノットで三二カイリ（約五九キロ）
設計安全潜航深度　一〇〇メートル
貨物搭載量　二四トン（または兵員四〇名）
武装　三七ミリ単装砲一門
一三ミリ機関砲二梃

なお本艇には一型と二型があり、二型は船体が拡大され、それにともない機関出力も増し速力の向上が見られるとともに、貨物搭載量も一・七倍に増えている。
二型の基本要目を次に示す。

基準排水量（水上）　四三〇トン
（水中）　五四〇トン
全長　五五・〇メートル
全幅　三・五メートル
吃水　三・一三メートル

主機関（水上）　ヘッセルマン型ディーゼル機関四基
　　　（水中）　蓄電池駆動電動機二基
最大出力（水上）　二軸推進・各軸二〇〇馬力直列二基。合計出力八〇〇馬力
　　　　（水中）　二軸推進・各軸一基七五馬力。合計出力一五〇馬力
最高速力（水上）　一四・五ノット
　　　　（水中）　四・五ノット
最大潜航安全深度　一五〇メートル
貨物搭載量　四〇トン
武装　四七ミリ戦車砲（一式四七ミリ対戦車砲）
　　　二〇ミリ単装高射機関砲五門

完成した潜航輸送艇は運用訓練後、次々と陸軍船舶司令部直轄の輸送部隊（暁部隊）に配置され潜航輸送隊を編成し、昭和十九年六月以降、硫黄島、沖縄本島、南西諸島、伊豆諸島方面への輸送任務を開始した。また一号艇、二号艇、三号艇の三隻ははるかフィリピンに送り込まれ、二号艇はレイテ島攻防戦でオルモックへの輸送任務に投入された。しかし同艇はその最中に敵駆逐艦の攻撃で撃沈され、一号艇と三号艇はリンガエン湾で事故のために失われている。

残る各艇は、その後は主だった行動もないままに終戦を迎えている。また二型の一号艇は昭和十九年六月に完成しているが、後続の艇についても活躍もないままに全艇が終戦を迎えている。

第４章　日本海軍の航空潜水艦

潜水艦に航空機を搭載するという考えは潜水艦が登場し、しだいに大型化してゆく段階で、世界の潜水艦建造国ではほぼ同時に実現させようとする実験が展開されている。

潜水艦に航空機を搭載することによるメリットは、一つに索敵行動の範囲が格段に広がるということである。また敵国の沿岸に接近しなくとも、敵地の要地の偵察が可能である、ということである。

フランス、ドイツ、イギリス、アメリカの各海軍では、一九二〇年代後半にほぼ同時に航空機搭載潜水艦の開発が進められ、一部では航空機を搭載可能な潜水艦が試作された。これらの潜水艦に搭載する飛行機は特別に開発された機体もあるが、多くは既存の水上機を改造し搭載できるようにしている。

これらの航空機はすべて水上機で、潜水艦に特設されたカタパルトから発進したり、あるいはクレーンで機体を海面に移し発進させている。しかしこれらの海軍のすべての潜水艦に共通していたことは、航空機を潜水艦に搭載する設備の開発に苦心し、また航空機を無理して搭載することへの現実性を考え、その困難さからしだいに構想は下火となった。

しかしその中で唯一航空機を搭載する実戦向けの潜水艦の開発に成功し、それを実用化させたのが日本海軍であった。

潜水艦は単艦での行動が主体であり、水上艦艇に比較し小型でありしかも水上に現われる構造物も低く視界は極めて限定される。つまり作戦行動の中での独自の索敵能力は極めて低いものとなるのである。この潜水艦特有の欠点を解消する画期的な方法が潜水艦に航空機を搭載し運用することである。

日本海軍は潜水艦を艦隊の前方に展開し、艦隊の「眼」としての機能を持たせる考えの下に、艦隊型大型潜水艦（巡洋潜水艦）の開発に注力していた。この思考の中で芽生えるのは当然ながら潜水艦への航空機の搭載で、艦隊の前方に展開する潜水艦から発進できる航空機の存在は、艦隊決戦に向けて極めて重要な位置づけとなるのである。

こうした考えのもとで日本海軍は航空機（偵察水上機）搭載の潜水艦の開発を積極的に進めたのであった。そして日本海軍最初の、また世界最初の実用型航空機搭載式の潜水艦が昭和七年（一九三二年）に出現した。この潜水艦は大正十五年（一九二六年）三月に一号艦が完成した伊一型潜水艦の五番艦、伊五号である。

本艦は基準排水量一九七〇トンという大型巡洋潜水艦であり、本艦の司令塔直後の両舷に分解した航空機を収容する格納筒が設けられ、司令塔の直後から艦尾に向けて固定式のカタパルトが配置されていた。

使用する航空機は九一式小型水上偵察機で、本機は主翼と胴体が分解され、それぞれ格納筒に収容、発進に際しては格納筒から引き出されてカタパルト上で短時間で組み立て、カタパルトから射ち出すのである。帰投した機体はクレーンでカタパルト上に収容、分解され、再び格納筒におさめられる。

本艦は試験的要素が多かったが好結果を得たために、海軍はさらに航空機搭載型の潜水艦の建造を計画し、伊一型を改良した伊六型潜水艦にも同じ装置を建造当初から装備し、同じく九一式水上偵察機を搭載した。

海軍は昭和十二年に伊六型潜水艦を拡大改良した伊七型潜水艦二隻（伊七号および伊八号）を建造したが、この二隻にはそれまでの二隻と同じ仕組みの航空設備を装備し、航空機はより性能の向上した九六式水上偵察機を搭載したのである。

これら四隻の「航空潜水艦」の成功に自信を得た海軍は航空設備を改良し、より迅速な航空機の発進が可能な巡洋潜水艦の建造計画を進めることになった。ここで出現した航空潜水艦が伊九型（甲型）および伊一五型（乙型）潜水艦である。

伊九型潜水艦の一号艦は昭和十三年（一九三八年）に起工され、昭和十六年（一九四一

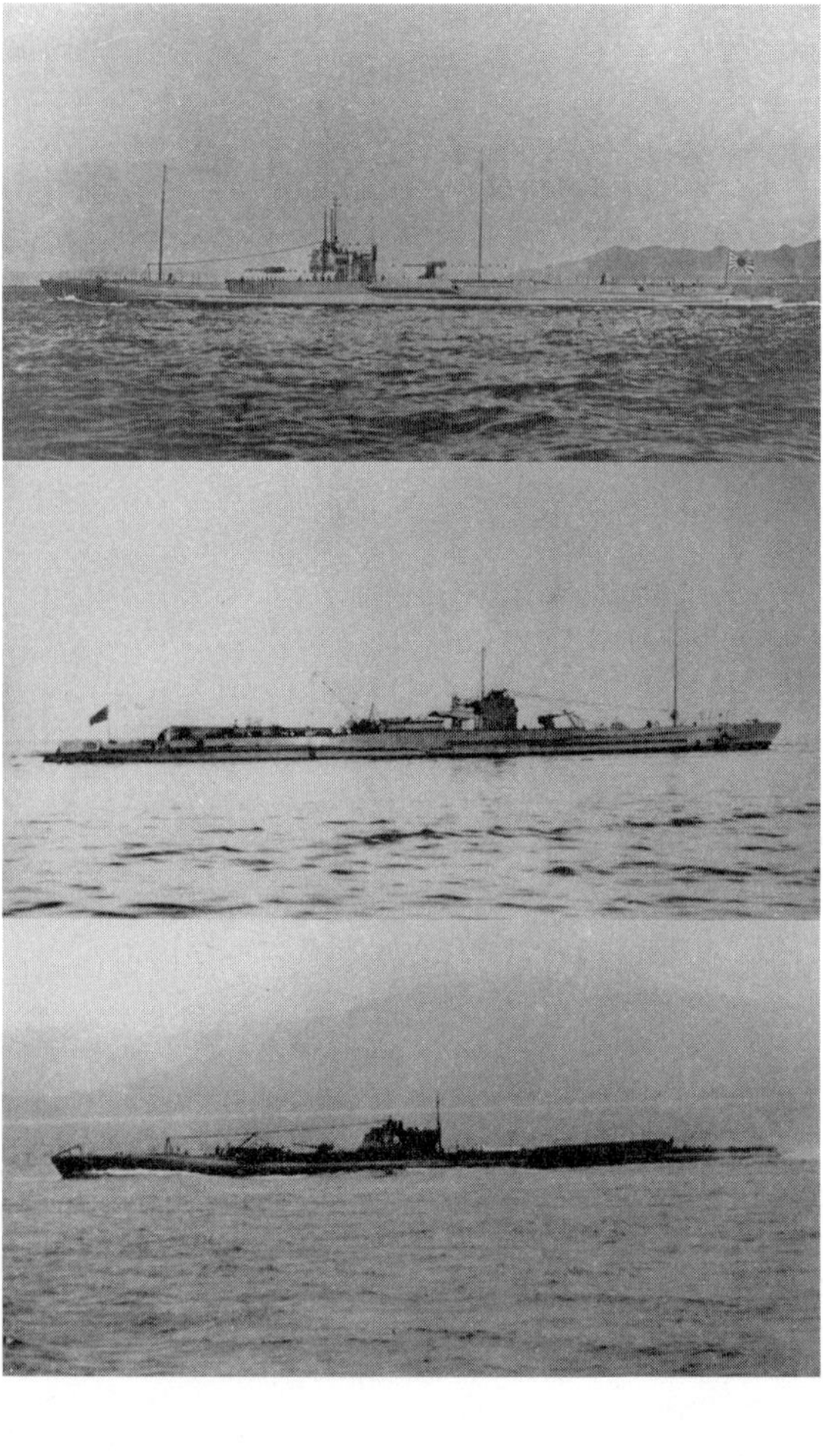

上から伊5号、伊6号、伊8号

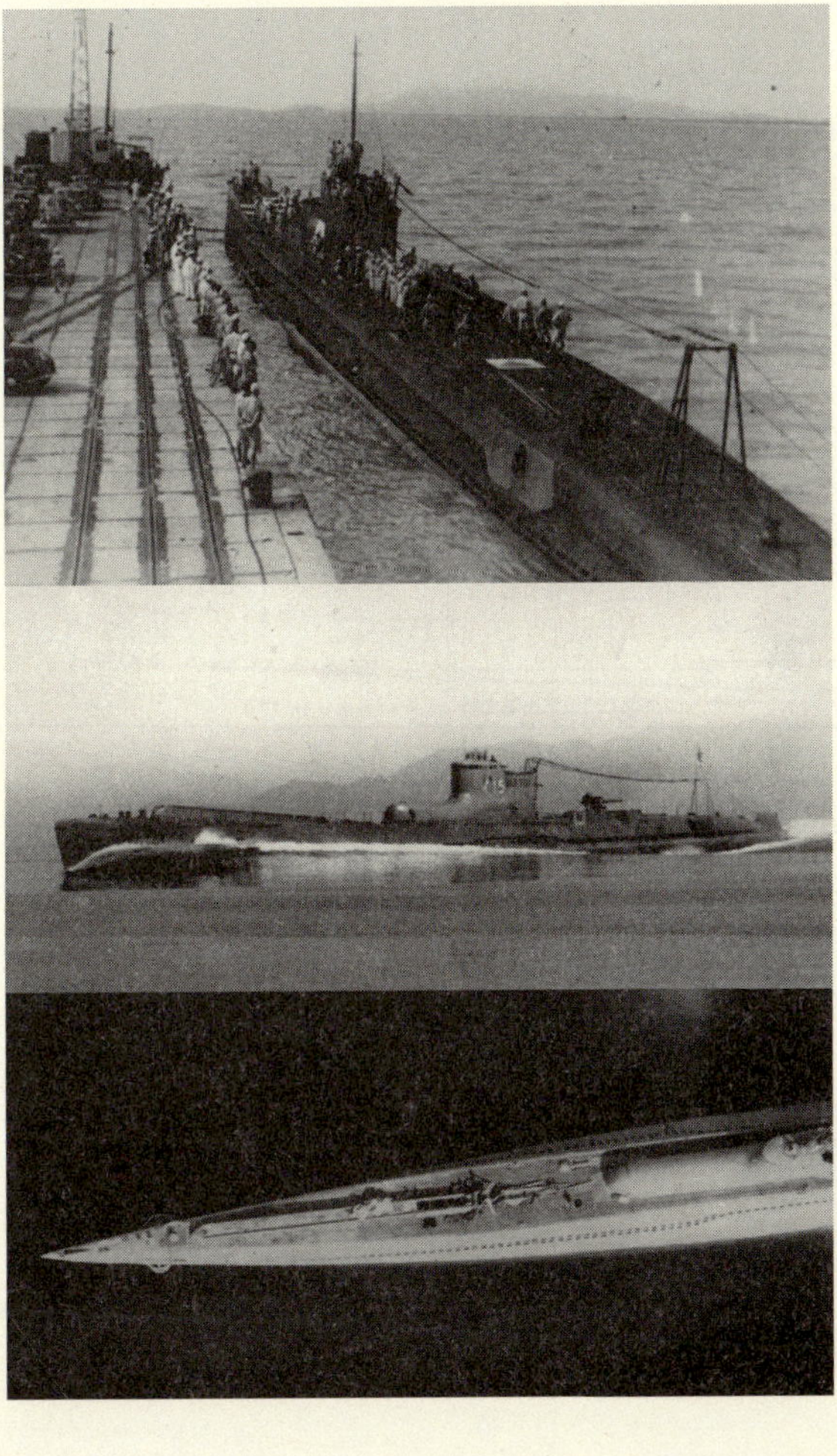

上から伊10号、伊15号、伊15号の後方射出機

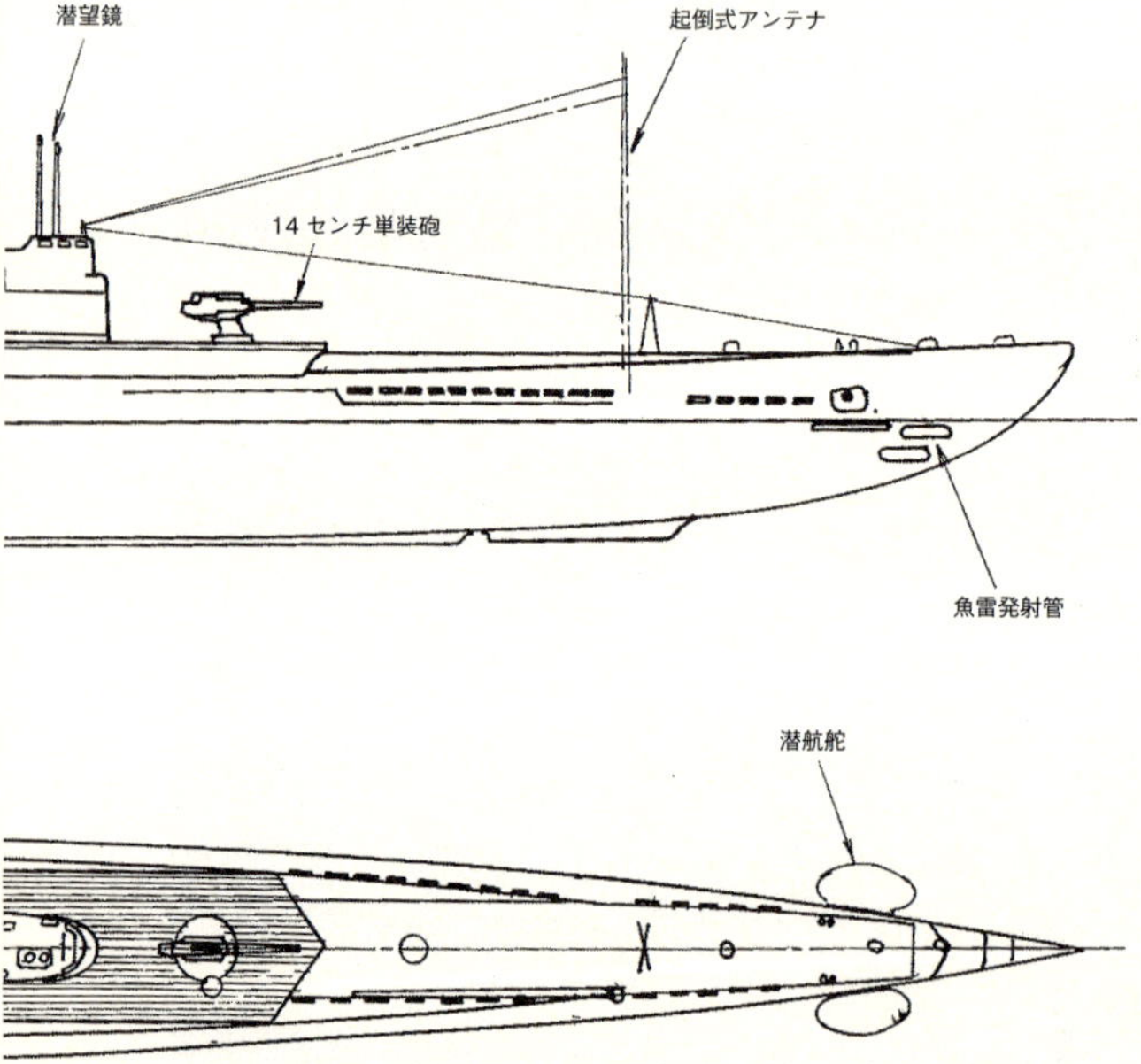
潜望鏡
起倒式アンテナ
14 センチ単装砲
魚雷発射管
潜航舵

第9図　伊5号潜水艦

基準排水量（水上）	1970 トン	最高速力（水上）	18.8 ノット
全　　長	97.5 メートル	（水中）	8.1 ノット
全　　幅	9.22 メートル	安全潜航深度	75 メートル
主機関（水上）	ラ式2号ディーゼル機関2基（合計最大出力 6000 馬力）	航空機搭載数	水上偵察機1機
（水中）	蓄電池駆動電動機2基（合計最大出力 2500 馬力）		

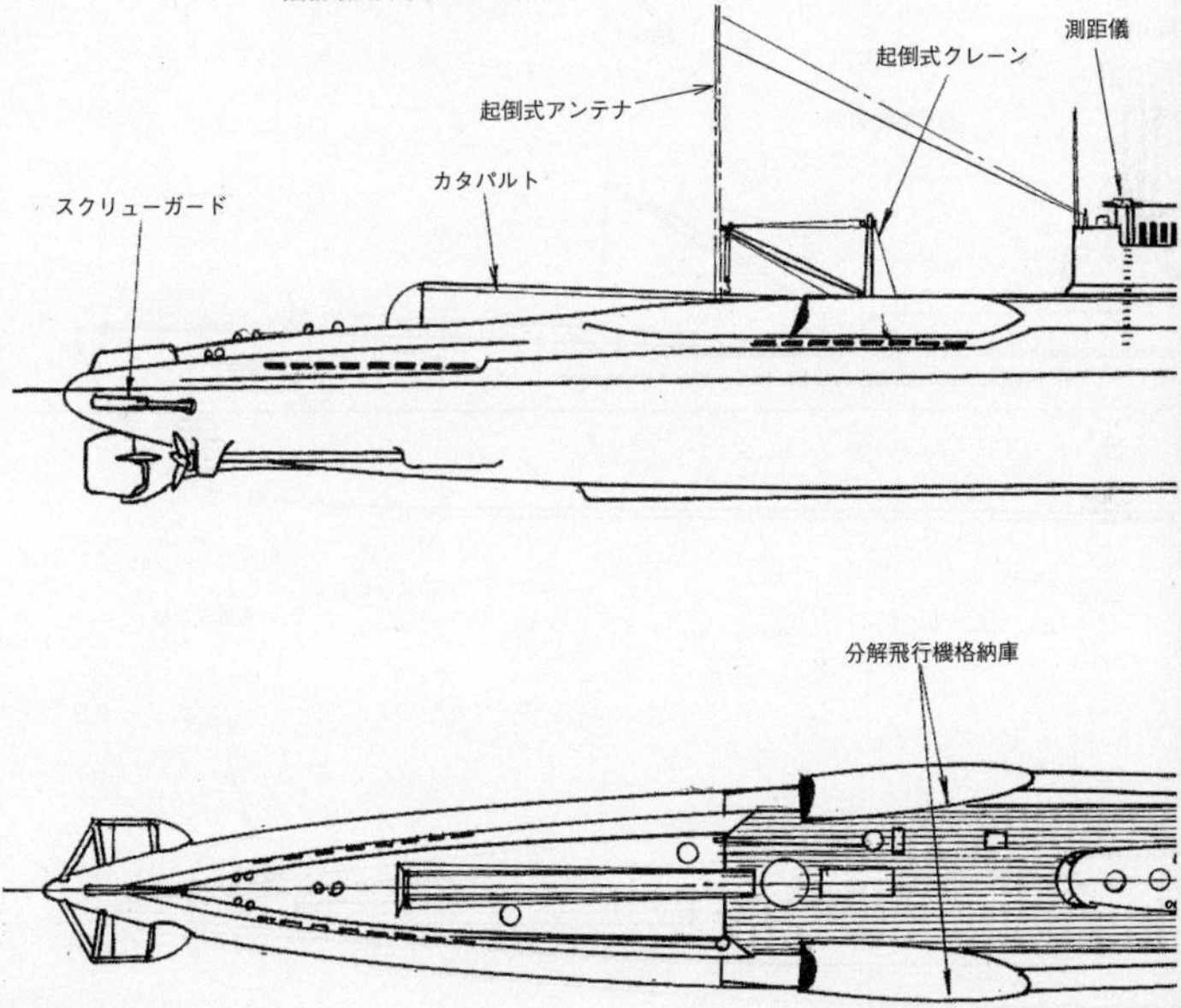

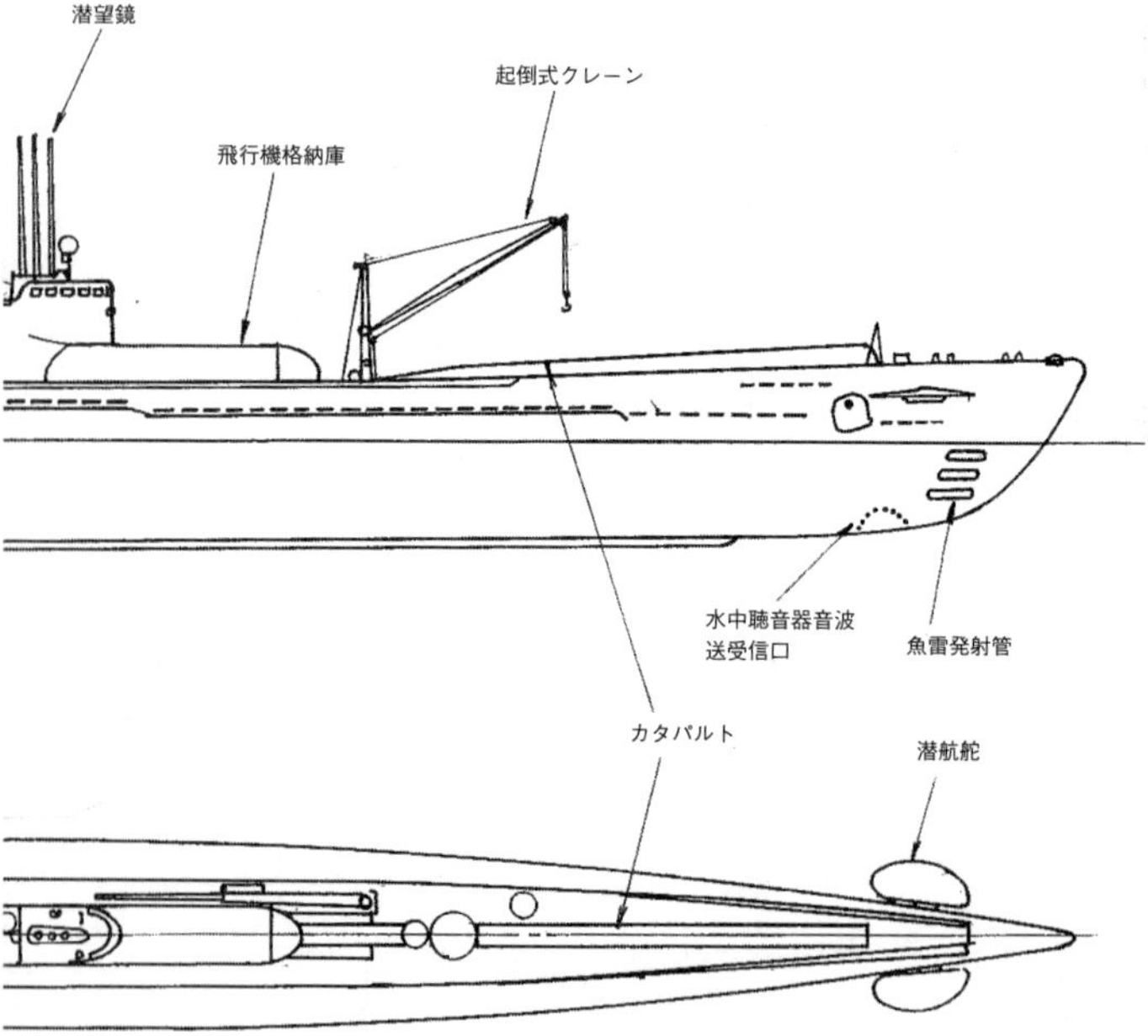
潜望鏡
起倒式クレーン
飛行機格納庫
水中聴音器音波
送受信口
魚雷発射管
カタパルト
潜航舵

第10図　伊15型（乙型）潜水艦

基準排水量（水上）	2198トン	最高速力（水上）	23.6ノット
全　　長	108.7メートル	（水中）	8.0ノット
全　　幅	9.3メートル	安全潜航深度	100メートル
主機関（水上）	艦本式2号10型 ディーゼル機関2基 （合計最大出力2400馬力）	航空機搭載数	水上偵察機1機
（水中）	蓄電池駆動電動機2基 （合計最大出力2000馬力）		

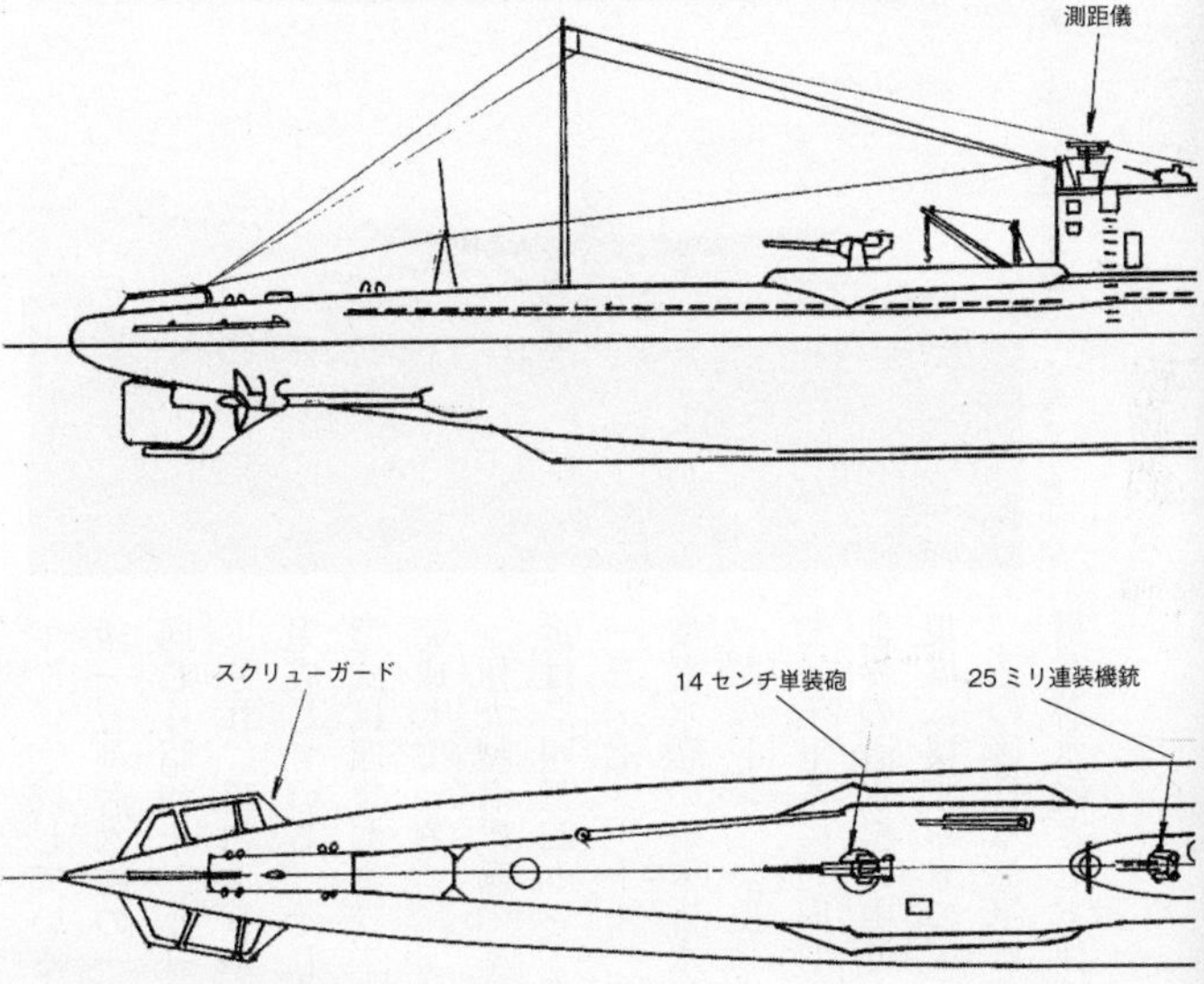

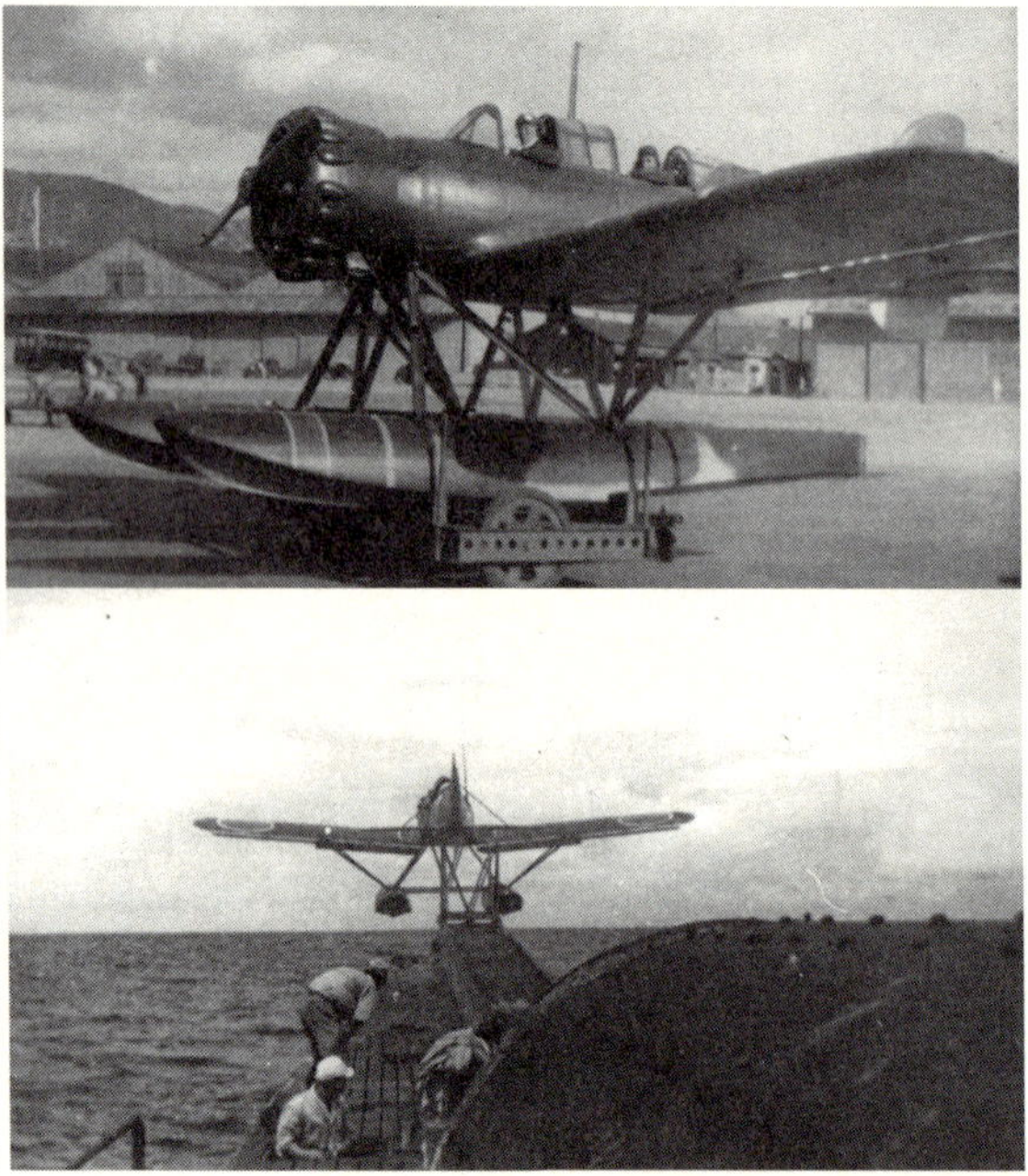

（上）零式小型水上偵察機、（下）伊37号に搭載される零式小型水偵

年）に完成している。また伊一五型潜水艦の一号艦は同じく昭和十三年一月に起工され、昭和十五年九月に完成している。それぞれの型式は四隻および二〇隻が完成している。

　伊九型潜水艦の基準排水量は二四三四トン、全長一一三・七メートル。伊一五型潜水艦の基準排水量は二一九八トン、全長一〇八・七メートルの、同じ時代の世界の潜水艦の中でも最大規模に属するものであった。

　その後日本海軍は航空機搭載潜水艦として伊五四型

第11図　零式小型水上偵察機

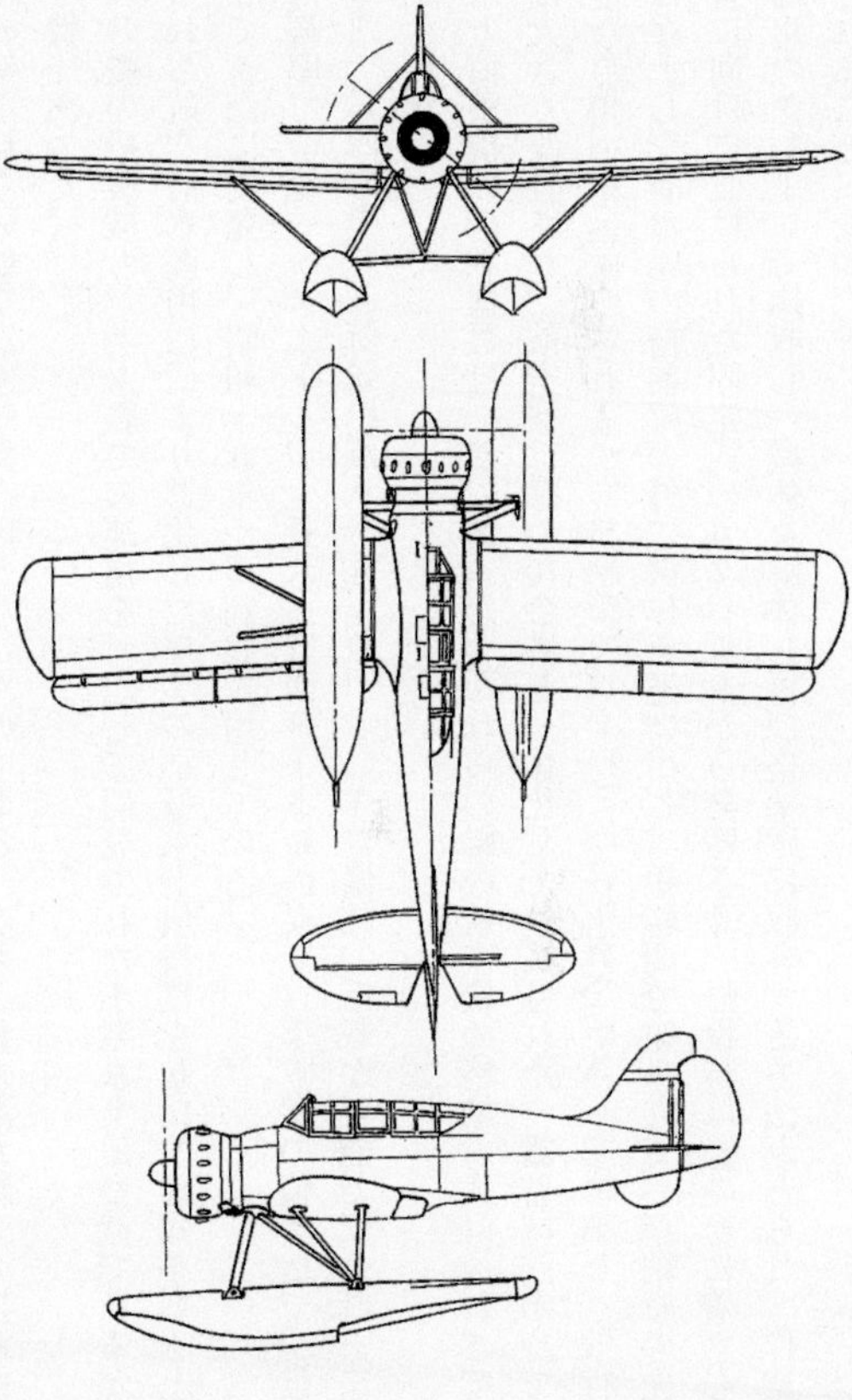

三隻を追加建造し、日本海軍は太平洋戦争において航空機搭載潜水艦三〇隻以上を保有する、世界にその例を見ない航空潜水艦保有国となったのである。なおこれら潜水艦への搭載機数は各艦一機であった。

いずれの艦の搭載機も、潜水艦での運用を考慮して開発された小型水上偵察機であるが、海軍はこれら航空潜水艦用に、より進化した単葉の小型水上偵察機をE14Y零式小型水上偵察機として新たに開発し、昭和十五年から制式採用している。

本機は複座で全幅一一メートル、全長八・五四メートルの双フロート型の偵察機で、最高速力（時速）二四六キロ、航続距離八一九キロ、六〇キロ爆弾の搭載が可能で、合計一二六機が生産された。

小型水上偵察機の搭載機数は一機であった。これらの艦の航空機の格納方式はそれまでの四隻とは大きく改良され、航空機は艦の司令塔と一体化して構築された、艦首に向かって発艦が可能な専用の格納庫（それまでの格納筒ではない）内に主翼を解体して格納し、飛行に際しては浮上した潜水艦の格納庫の外に機体を運び出し、短時間で組み立て、格納庫の先端から艦首に向けて設けられた固定式のカタパルトから発艦させ、帰投時は艦の傍に着水した機体を専用のクレーンで揚収し、機体を解体し再び格納庫に収容する方法がとられ、作業も迅速化されることになった。

余談ながらこの潜水艦搭載の小型水上偵察機は太平洋戦争勃発の初期の段階では各地で活

躍している。例えばオーストラリア、ニュージーランド、タスマニア島、マダガスカル島、アフリカ東岸、ニューカレドニア島など各地の隠密偵察に成功している。そして昭和十七年九月にはアメリカ本土オレゴン州の西岸近くの森林地帯への小型爆弾の投下も決行したのだ。

日本海軍はこの航空潜水艦の実績を活かし、次には高性能な攻撃機を搭載する本格的な航空潜水艦の開発を計画した。ここで計画された航空潜水艦にはこの攻撃機を最大三機搭載し、数隻の集団で隠密裏に敵の要地に接近し、奇襲攻撃を掛けようとするものであった。

そして日本海軍はこの世界唯一の本格的な航空潜水艦二型式を計画し、合計五隻を完成させて実戦に用いる直前にまで至っていた。しかし航空攻撃直前で戦争が終結し、この稀代の航空潜水艦の歴史は閉じられたのであった。

このとき計画され実際に建造された二型式の航空潜水艦を紹介する。

伊四〇〇型潜水艦

本潜水艦はこの潜水艦で運用するために特別に開発された「攻撃機」を搭載し、敵の要地を攻撃しようとするものである。本艦の設計当初の運用方法および攻撃目標はすでに特定されていた。それはパナマ運河であった。

パナマ運河には数ヵ所の閘門が設けられており、この閘門が一ヵ所でも破壊されればこの運河の機能はまったく停止してしまうのである。破壊された閘門を修復するにも年単位の時間を要することになり、太平洋に有事の事態が発生し、太平洋戦域応援のために大西洋艦隊の艦艇を太平洋に回航するには、パナマ運河の機能停止は極めて重大な事態を引き起こすともなりかねないのである。艦隊は遠くマゼラン海峡を迂回して太平洋に回航するとしても、その時間的ロス、さらには長駆の移動の途中で日本やドイツ海軍の潜水艦などによる繰り返しの襲撃も差し迫るものとなり、事態は予断を許さなくなるのである。

日本海軍はアメリカ海軍にとってのアキレス腱ともいえるパナマ運河の攻撃のために、強力な航空潜水艦の建造を開始したのであった。

本艦の建造には二つの大きな問題をクリアーしなければならなかった。一つはそれまでの小型水上偵察機より大型の攻撃機をいかにして搭載するかという問題。今一つは搭載する攻撃機としてどのような機体を選定するかである。

第一の問題はそれまでに実績のある小型偵察機の格納様式の延長線上での開発が可能で、当面攻撃機二機の搭載で船体の設計は開始された。しかし一方の搭載する航空機に関しては簡単に解決する問題ではなかった。

海軍は当初、本艦への搭載機として、すでに試作中であった十四試艦上爆撃機（後の艦上爆撃機「彗星」）を考えていた。本機は比較的小型でコンパクトな機体であり当該艦への搭載には確かに恰好な機体であった。しかし本機はコンパクトにまとめられているだけに機体の構造が複雑で、たとえば航空母艦以上に狭い格納庫に収容するにも、主翼の取り外しまたは折りたたみは構造上不可能であった。

　このために本艦専用の攻撃機の開発が必要となったのである。そこで海軍は専用の攻撃機の開発を本艦の開発と同時に開始したのである。

　本艦の他の航空潜水艦と変わるところは、航空機二機（設計途中で攻撃力の強化として、搭載機は三機に変更された）を収容する格納庫の構築で、これは上甲板上に司令塔と一体化させた格納庫を構築することで解決された。またカタパルトは重量のある航空機を射出するために、格納庫の出口から艦首に向けて伸びる長大なカタパルトを配置することにより解決された。

　最終的にまとまった本艦の基本要目は次のとおりである。

基準排水量（水上）　三五三〇トン
常備排水量（水上）　五二二三トン
全長　一二二メートル
全幅　一二メートル
吃水　七メートル
主機関（水上）　艦本式二二号一〇型ディーゼル機関二基
（水中）　蓄電池駆動電動機二基

最大出力（水上）　二基合計出力七七〇〇馬力
　　　　（水中）　二基合計出力二四〇〇馬力
推進軸数　　　　　二軸
最高速力（水上）　一八・七ノット
　　　　（水中）　六・五ノット
航続距離（水上）　一四ノットで三七五〇〇カイリ（約六万九四五〇キロ）
　　　　（水中）　三ノットで六〇カイリ（約一一〇キロ）
武装　　　　　　　一四センチ単装砲一門
　　　　　　　　　二五ミリ三連装機銃三基、二五ミリ単装機銃一梃
　　　　　　　　　五三センチ魚雷発射管八門（艦首）
　　　　　　　　　魚雷二〇本
搭載航空機　　　　特殊攻撃機三機
安全潜航深度　　　一〇〇メートル

まさに世界最大級の潜水艦である。

本艦の構造にはそれまでの潜水艦には見られない特殊な構造が採用されている。潜水艦の基本的な構造は、海底での水圧に耐えるために船体の本体は耐圧性の高い一本の円筒状に仕

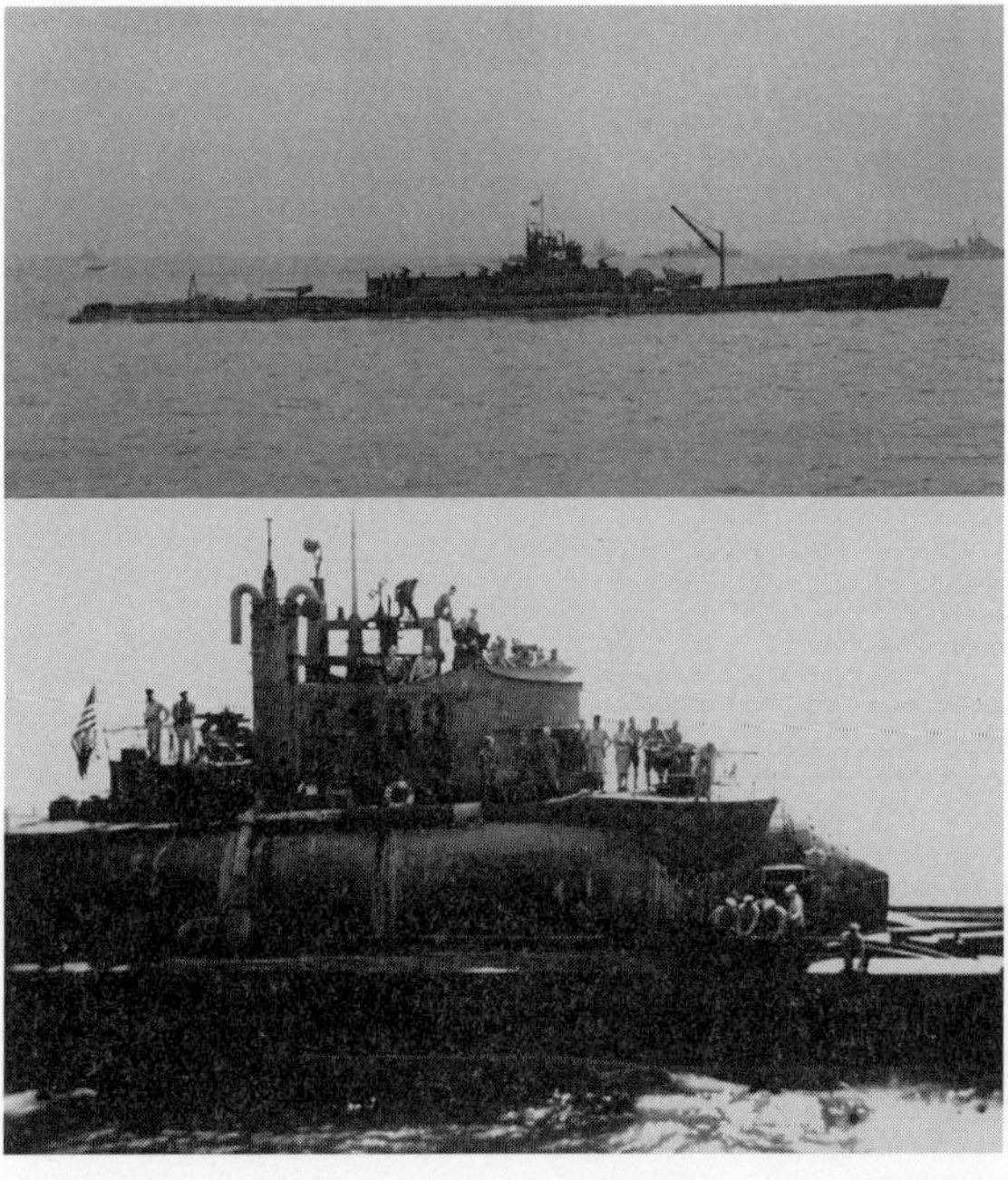

（上）伊401号、（下）伊400号の飛行機格納筒

上がっている（これを内殻と呼ぶ）。この内殻の外周を船体の浮沈を制御するメインタンクや燃料タンクで構成される外殻で包むようになっている。つまり潜水艦は二重の円筒構造になっているのが一般的なのである。

　これに対し本艦は内殻を横に並列に二本並べ、その中央部分の一部を合体させ部分的な二列円柱構造になっている。この構造はあたかも双眼鏡あるいは眼鏡のような形状である。本艦ではこの二列の内殻の上に司

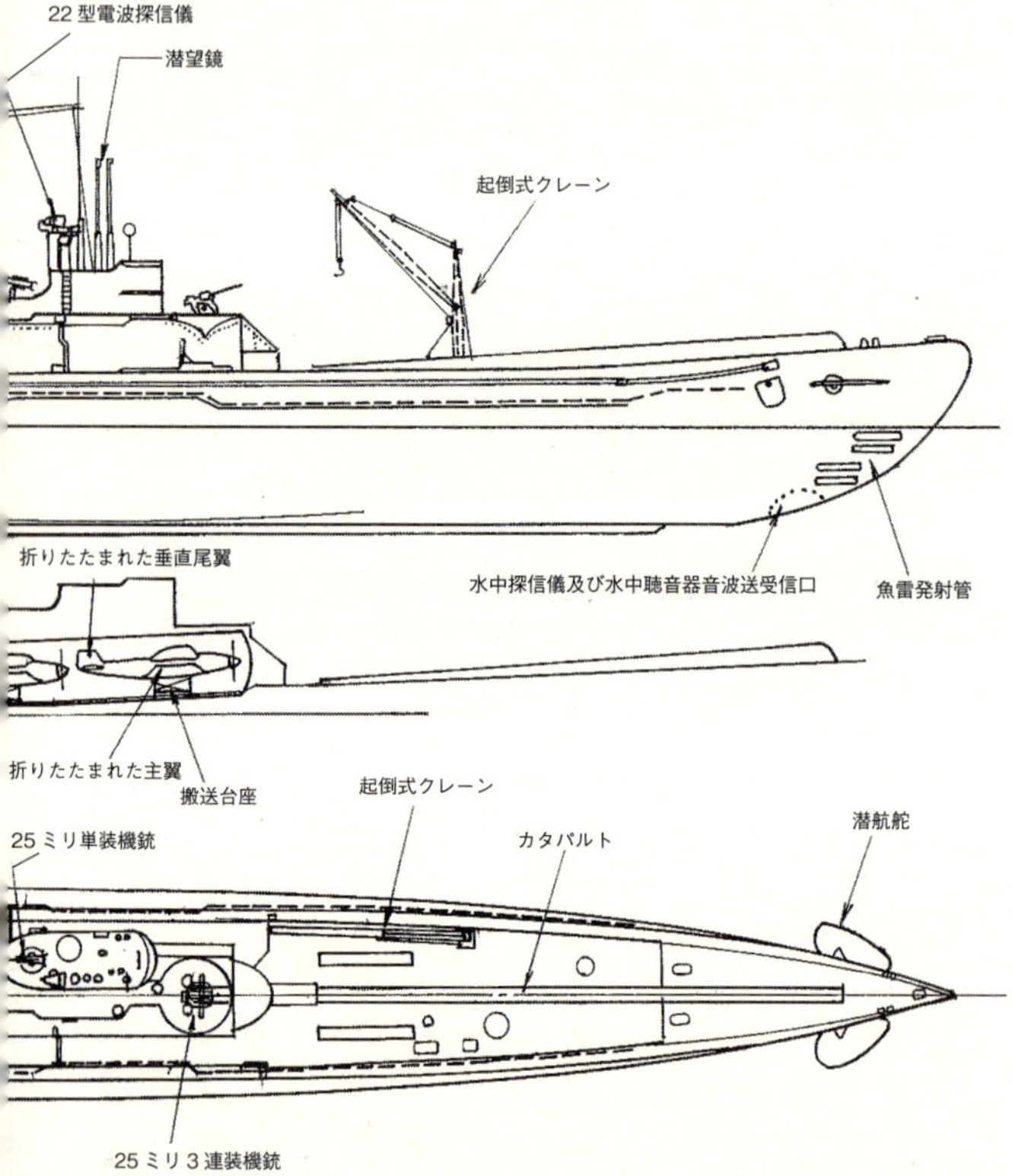
22 型電波探信儀
潜望鏡
起倒式クレーン
折りたたまれた垂直尾翼
水中探信儀及び水中聴音器音波送受信口
魚雷発射管
折りたたまれた主翼
搬送台座
起倒式クレーン
25 ミリ単装機銃
カタパルト
潜航舵
25 ミリ 3 連装機銃

第12図　伊400型潜水艦

基準排水量（水上）	3530トン	最高速力（水上）	18.7ノット
（水中）	5223トン	（水中）	6.5ノット
全　長	122.0メートル	安全潜航深度	100メートル
全　幅	12メートル	航空機搭載数	特殊攻撃機3機
主機関（水上）	艦本式22号10型 ディーゼル機関2基（合計最大出力7700馬力）		
（水中）	蓄電池駆動電動機2基（合計最大出力2400馬力）		

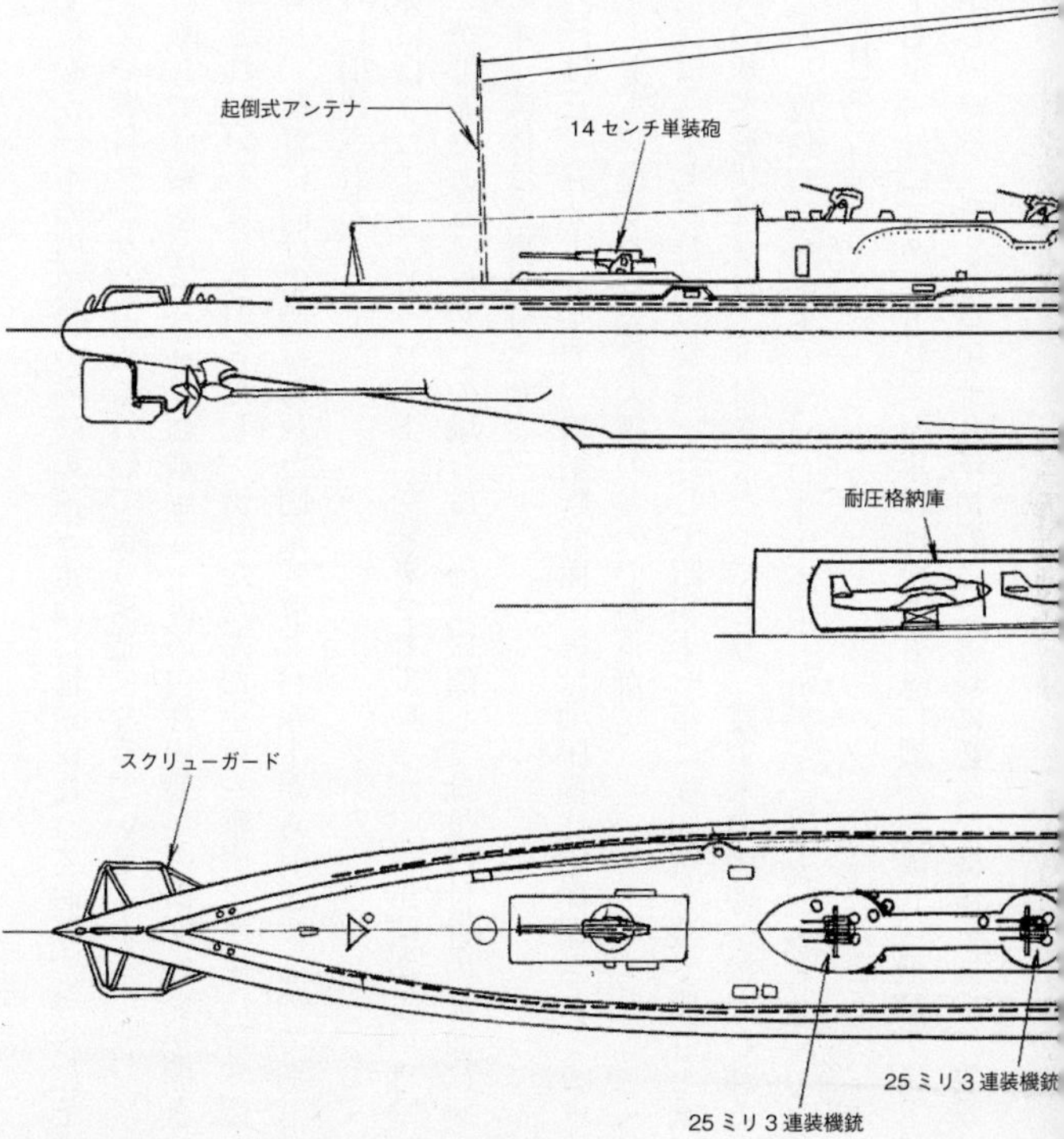

令塔と格納庫を構成するもう一本の円筒状の内殻を積み重ねた構造になっており、さらにその周囲をバラストタンクや燃料タンクが占める外殻で覆う構造になっている。

搭載航空機の射出に際しては艦を浮上させ、格納庫（上段の円柱内殻）の前面の扉を開き、翼を折りたたんで格納されている機体を引きだし、折りたたんだ主翼や垂直尾翼を広げ、爆弾あるいは魚雷を装着し、艦首に向けて設けられた固定式カタパルトから射出するのである。二番機と三番機も同様に射出される。

なお搭載される機体にはフロート（双フロート）が装着されているが、射出前あるいは飛行中に離脱させることが可能である。但しこの場合は、帰投に際しては母艦付近の海面に胴体着水しなければならず、機体は放置処分される。

なお格納庫前面の内径は三・五メートルで、格納庫前面の扉は油圧操作で開閉され、カタパルトの長さは二五メートルに達する世界最大級のものであった。

本艦に搭載する航空機は「十七試特殊攻撃機」として昭和十七年に愛知航空機で設計・試作が開始された。本機の基本形状はフロート付きとなっており、離着水の訓練が行なわれるようになっている。しかし攻撃時は原則としてフロートを取り外して（または飛行途中でフロートを投棄する）使われる。

機体の開発は昭和十七年六月にスタートし、翌年には早くも試作機が完成し、飛行テストの後に限定生産を開始している。そして昭和十九年初めには実戦に必要な機体を揃え、攻撃部隊の編成も開始された。

本計画は多少の遅れは生じたがほぼ予定どおり進み、昭和二十年初めには実用機一〇機（専用航空潜水艦三隻分）によって運用試験も開始された。

本特殊攻撃機はM6A「晴嵐」と命名され、一機を除きすべてフロート付きで完成された。訓練用あるいは攻撃用として引き込み式車輪を装備した機体も一機だけ試作されているが、本機は「南山」と呼称された。

本機のエンジンには液冷式エンジンが採用されているが、このエンジンの採用の理由は、限られた狭い格納庫内での機体の収容限界にプロペラの直径があった。少しでもプロペラの外形が格納庫の内壁に触れないようにするためには、直径の大きな空冷エンジンを使うよりも直径の小さな液冷エンジンを使う方が有利であったためである。

「晴嵐」は合計二八機生産された。本機の基本要目は次のとおりである。

全幅（主翼展開時）　一二・二六メートル
全長（フロートを含む）　一一・六四メートル
自重（フロート付）　三三〇一キロ
発動機　アツタ三〇（倒立型一二気筒液冷）最大出力一四〇〇馬力
最高速力（時速）　四七三・九キロ（フロート付の状態）

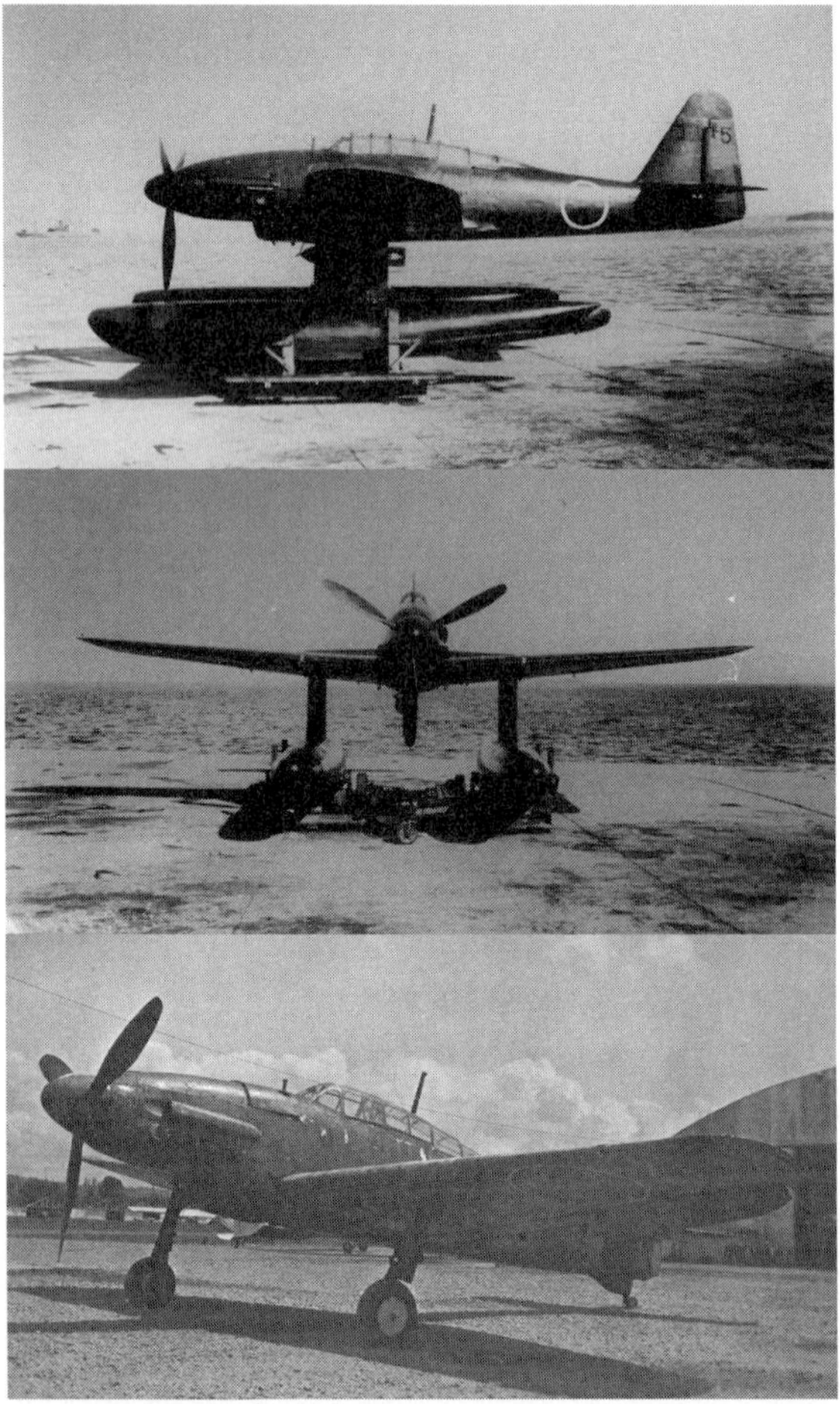

（上・中）晴嵐、（下）南山

第13図　特殊攻撃機晴嵐

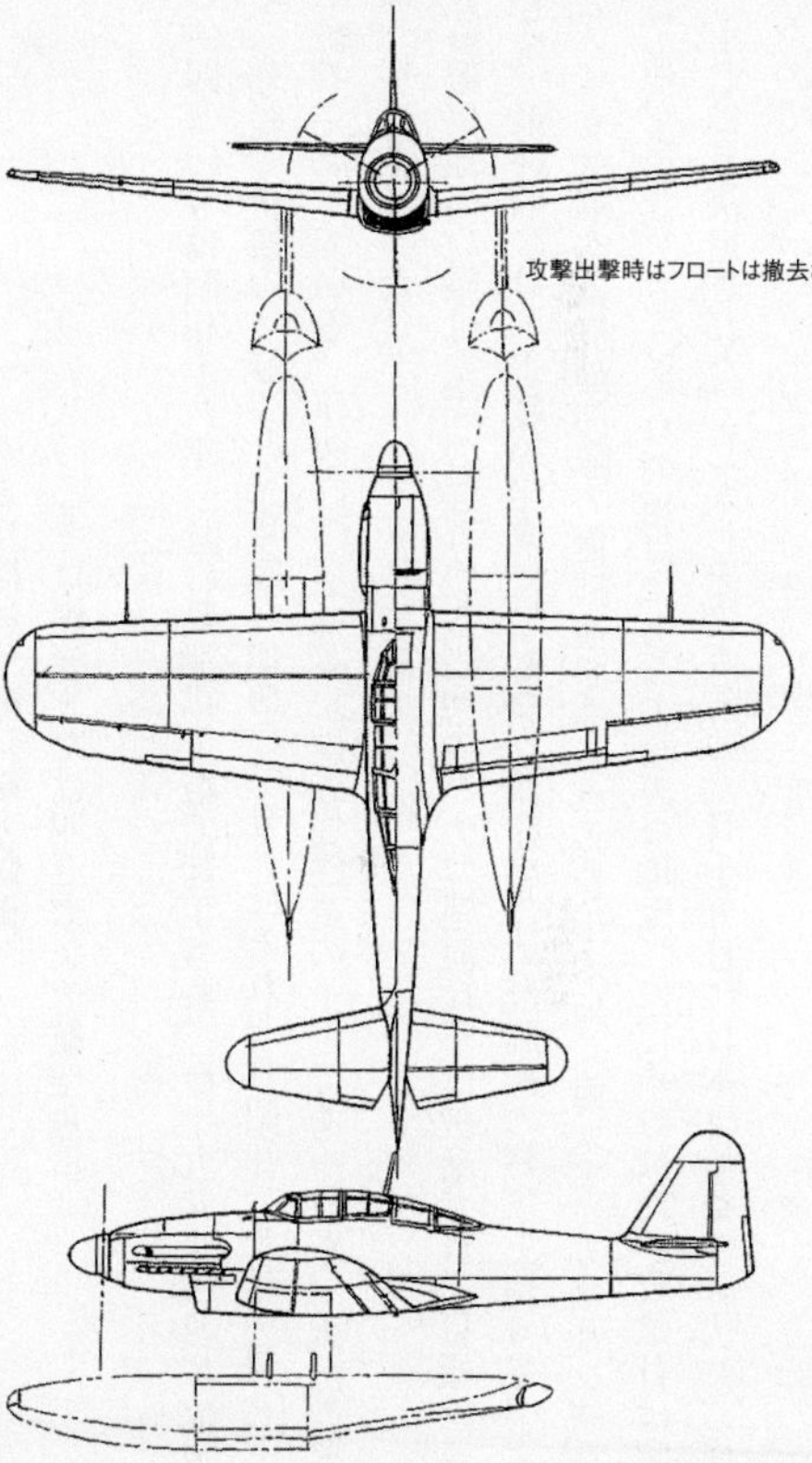

航続距離（最大）　フロート投棄時の推定最高速力五八〇キロ
　　　　　　　　　二〇〇〇キロ
武装　　　　　　　一三ミリ機銃一梃（後方防御）
　　　　　　　　　八〇〇キロ爆弾または四五センチ航空魚雷

一号艦の伊四〇〇号は昭和十八年一月に呉海軍工廠で起工され、翌十九年十二月に完成した。そして二号艦（伊四〇一号）と三号艦（伊四〇二号）はそれぞれ昭和二十年一月と七月に呉海軍工廠で完成している。伊四〇〇型は本来は五隻建造の予定であったが、戦況の悪化から建造は三隻に止まった。

本艦による敵要地の攻撃は完成の遅れから当初のパナマ運河攻撃は破棄され、目標は二転三転している。最終的には二番艦の完成にともなう機体を含めた訓練の終了を待って、二隻で当時のアメリカ海軍空母機動部隊の集結地であるウルシー泊地（西太平洋カロリン諸島東北端、ヤップ島の東北約一〇〇キロの地点にある大規模な環礁）に定められた。攻撃日は昭和二十年八月十七日と決定された。しかしその直前の八月十五日に日本は無条件降伏し、作戦は中止されたのである。

計画では「晴嵐」合計六機に五〇〇キロまたは八〇〇キロ爆弾を搭載し、泊地に仮泊する大型空母を攻撃する予定であった。

この前代未聞の巨大航空潜水艦の伊四〇〇号と伊四〇一号は戦後、研究調査のためにアメリカに回航された後、ハワイ近海でアメリカ海軍の砲撃標的艦として沈没している。また伊四〇二号は昭和二十一年四月に長崎県五島列島沖で、アメリカ海軍の標的艦として砲撃の対象となり沈没している。

なおハワイ沖で沈没した二隻の伊四〇〇型潜水艦は、二〇〇三年と二〇一三年にアメリカの海底調査用ロボットにより発見され、調査が進められた。

伊一三型潜水艦

本艦は航空潜水艦である伊九型潜水艦から派生した潜水艦で、基本構造は伊九型である。伊四〇〇型潜水艦の建造計画が大幅に削減されたことにともない、伊四〇〇型潜水艦の代替として大型かつ航空設備を持つ伊九型潜水艦に改造を施し、より強力な伊四〇〇型潜水艦並みの航空潜水艦として建造したのがこの伊一三型潜水艦である。

伊九型潜水艦には潜水戦隊旗艦としての設備が施されており、また小型水上偵察機一機の搭載が可能であるために、より大型の航空潜水艦に仕上げるには最適な艦であったのだ。伊九型は二四三四トン、全長一一三・七メートルと大型で、昭和十三年から建造が始まり昭和十六年から十九年までに四隻が完成した。

伊四〇〇型潜水艦の建造計画の縮小に対し、基本計画としてあった潜水艦搭載の攻撃機による攻撃戦法の極端な弱体化を避けるために、この大型潜水艦に同じ攻撃機二機を搭載する計画が持ちあがっても不思議ではなかった。この伊四〇〇型潜水艦の代替となる伊九型潜水艦の拡大型艦の建造計画は急速に具体化され、昭和十七年に基本計画が完成した。そして合計六隻の建造も決定したのである。

この改造計画では伊九型潜水艦の本来の水上機格納庫を拡大し、特殊攻撃機「晴嵐」二機を収容可能にすることが予定された。格納庫の改造は実際には艦の上部構造物の拡大につながり、それを補正するために本艦の舷側には新たにバルジが設けられた。このバルジは燃料槽にも転用できるが艦の全幅の拡大により推進抵抗が増し、水上および水中での速力の低下は避けられなかった。

本艦の基本要目は次のとおりである。

基準排水量（水上）	二六二〇トン
常備排水量（水上）	三六〇三トン
全長	一一三・七メートル
全幅	一一・七メートル
深さ	八・三メートル
主機関（水上）	艦本式二二号一〇型ディーゼル機関二基

伊14号の飛行機格納筒

(上)伊14号、(下)左より伊400号、伊401号、伊14号

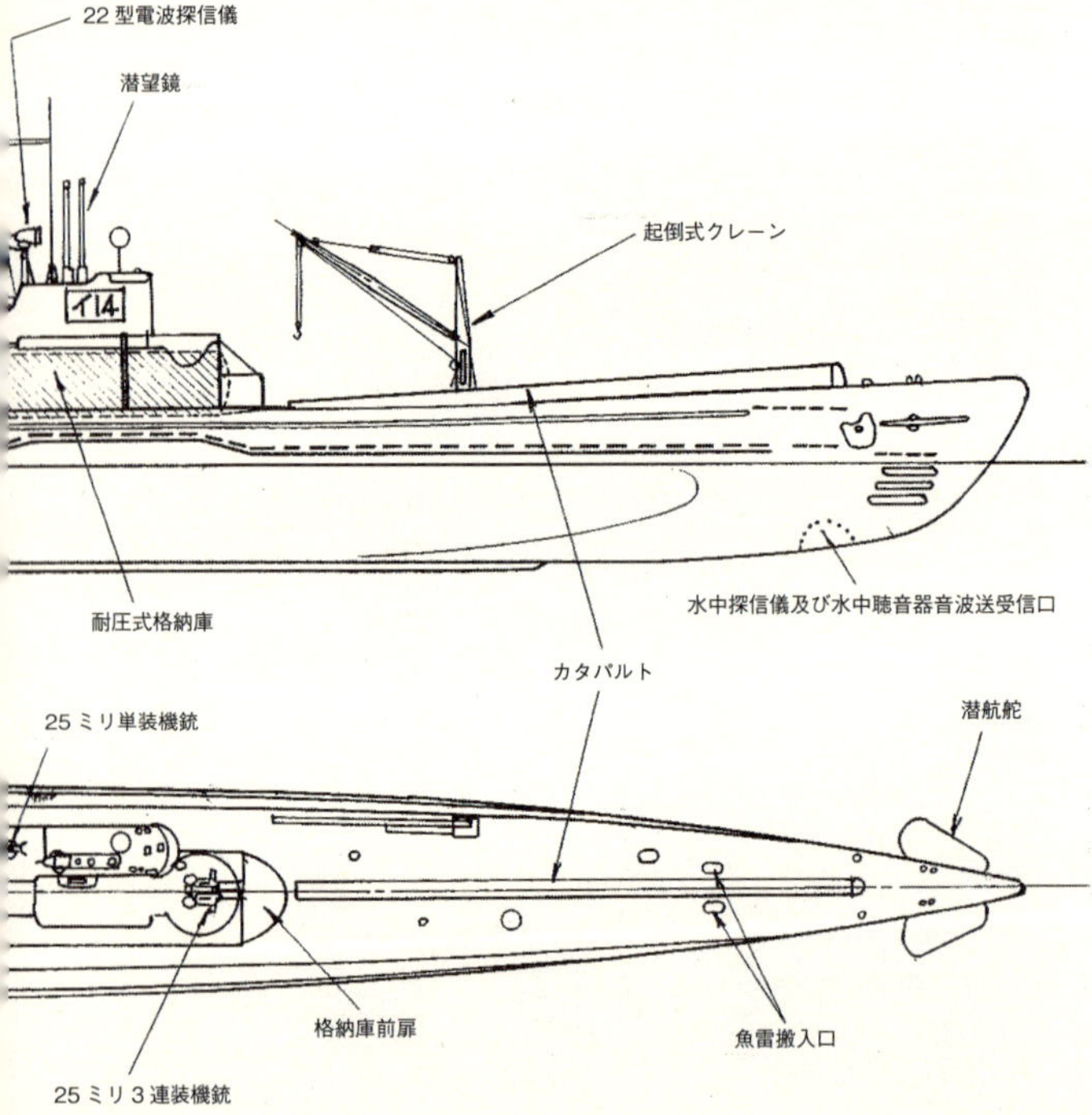
22型電波探信儀
潜望鏡
起倒式クレーン
イ14
耐圧式格納庫
水中探信儀及び水中聴音器音波送受信口
カタパルト
25ミリ単装機銃
潜航舵
格納庫前扉
魚雷搬入口
25ミリ3連装機銃

第 14 図　伊 13 型潜水艦

基準排水量（水上）	2620 トン	安全潜航深度	100 メートル
全　　長	113.7 メートル	航空機搭載数	特殊攻撃機 2 機
全　　幅	11.7 メートル		
主 機 関（水上）	艦本式 22 号 10 型 ディーゼル機関 2 基（合計最大出力 4700 馬力）		
（水中）	蓄電池駆動電動機 2 基（合計最大出力 750 馬力）		
最 高 速 力（水上）	16.7 ノット		
（水中）	5.5 ノット		

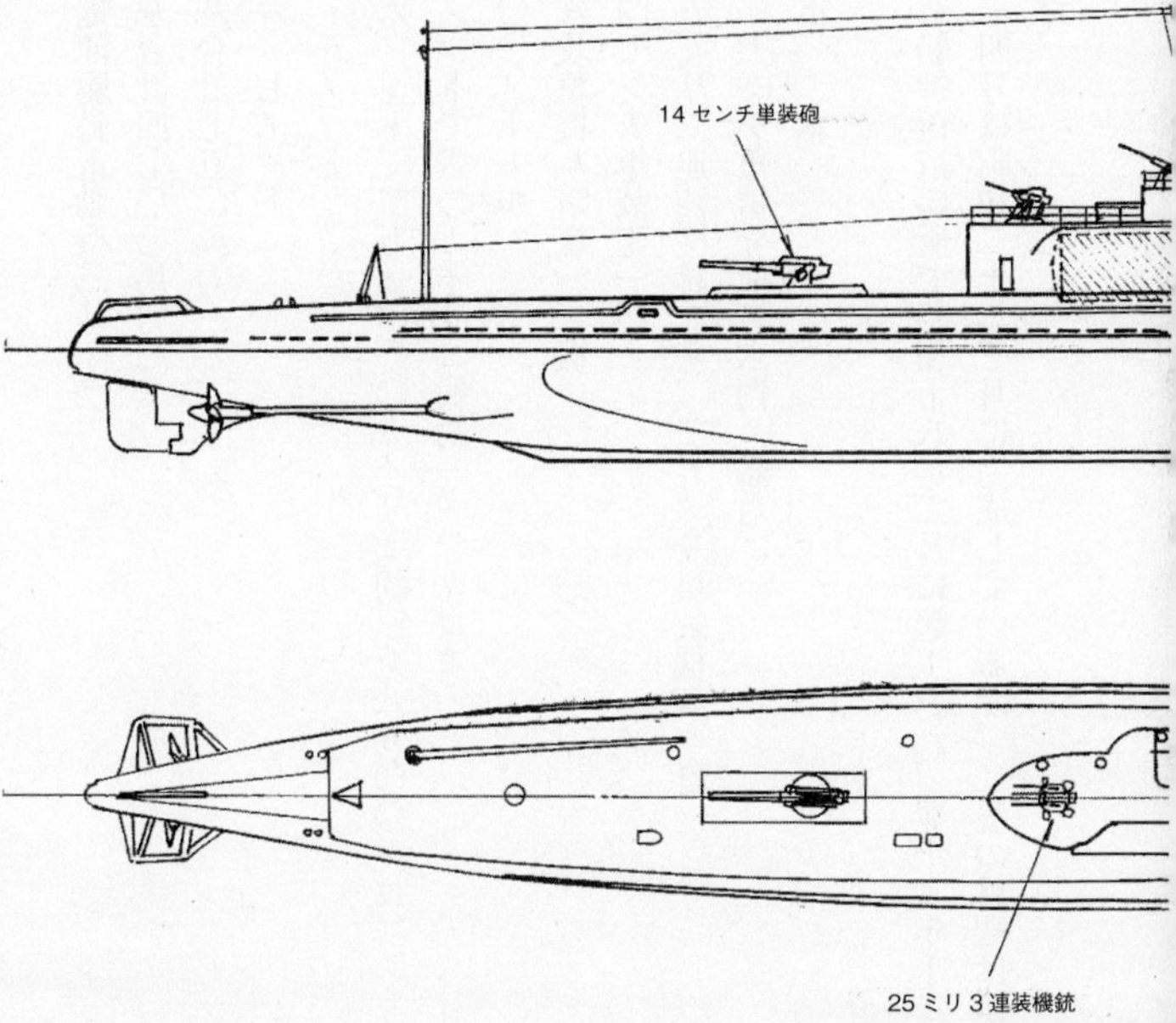

（水中）　蓄電池駆動電動機二基
最大出力（水上）　二基合計四七〇〇馬力
（水中）　二基合計七五〇馬力
最高速力（水上）　一六・七ノット
（水中）　五・五ノット
航続距離（水上）　一六ノットで二万一〇〇〇カイリ（約三万八九〇〇キロ）
（水中）　三ノットで六〇カイリ（約約一一〇キロ）
安全潜航深度　一〇〇メートル
搭載航空機　特殊攻撃機「晴嵐」二機
武装　一四センチ単装砲一門
二五ミリ三連装機銃二基、二五ミリ単装機銃一梃
五三センチ魚雷発射管六門（艦首）
魚雷一二本

第一号艦の伊一三号は川崎造船神戸造船所で昭和十八年二月に起工され、翌十九年十二月に完成した。また二号艦の伊一四号は昭和二十年三月に完成しているが、二隻の外観は伊四〇〇型に近似の姿となっていた。

二隻はすでに完成している伊四〇〇型二隻と潜水戦隊を編成し、計画されていたウルシー環礁に在泊するアメリカ海軍航空母艦群の攻撃の準備を開始した。しかしその前にこの二隻には別な任務が与えられた。その任務とは、伊一三号は機雷を搭載しトラック島基地への輸送任務、伊一四号には分解した新鋭高速艦上偵察機二機を搭載しトラック島基地に輸送することであった。この偵察機はウルシー環礁攻撃前後の偵察に使う予定であった。しかし伊一三号はトラック島へ向かう途中で撃沈され、伊一四号はトラック島に無事到着し任務は果たしたが、その後終戦まで行動ができないままトラック島に在泊した。

補記一　潜水艦に航空機を搭載し、この機体で敵地を偵察し攻撃を行なったのは世界の海軍の中では日本海軍だけである。

日本海軍が初期に建造した航空機一機搭載の航空潜水艦で運用した航空機は、当初から潜水艦での運用を計画して作られた水上偵察機（九一式および九六式水上偵察機）であるが、いずれも複葉の旧式な性能の機体であった。

日本海軍はさらなる航空潜水艦の建造計画を推進することから、より高性能な潜水艦での運用専用の水上偵察機の開発を進めた。そこで完成したのが昭和十五年に制式採用となった単葉の零式小型水上偵察機である。

本機の性能は極めて安定しており、潜水艦上での組み立てや分解も迅速に行なうことができ、潜水艦搭載の航空機としては極めて高度な水準にあった。ただ小型かつエンジンの出力が小さいことなどから低速であることは否めず、昭和十八年頃からは敵の制空権下での運用は困難となり、本機を使った偵察行動は昭和十八年初め頃までであった。この間に本機が実施した偵察行動は五〇回以上におよんでおり、その活動範囲もアリューシャン列島方面から南太平洋、オーストラリア大陸、アフリカ大陸東岸方面と広範囲にわたった。

補記二　航空機を潜水艦に搭載しこれを実戦で使うことをほぼ実現させたのは、日本以外にドイツ海軍があった。ただしドイツ海軍の潜水艦は本来が日本の潜水艦に比較し小型であり、また航空機を搭載する専用の航空潜水艦を建造する計画もなかった。

唯一航空機を潜水艦に搭載しこれを偵察に使用しようとする計画が実現直前まで進んだ例があった。ここでいうところの航空機とは、日本海軍が搭載したようなエンジンを搭載した本格的な航空機ではなく、「非動力ヘリコプター」あるいは「回転翼付凧」とでもいうべき航空機であった。

これは軽量な小型初級グライダーの胴体に、直径七メートルの自由回転式の三枚羽根ローターを取り付け、この胴体の先端と潜水艦の甲板とを全長三〇〇メートルの索具で繋ぎ、潜水艦の速力と向かい風を利用してローターを回転させ、この軽量

Fa330

第15図　非動力式ヘリコプター・フォッケ・アハゲリスFa330

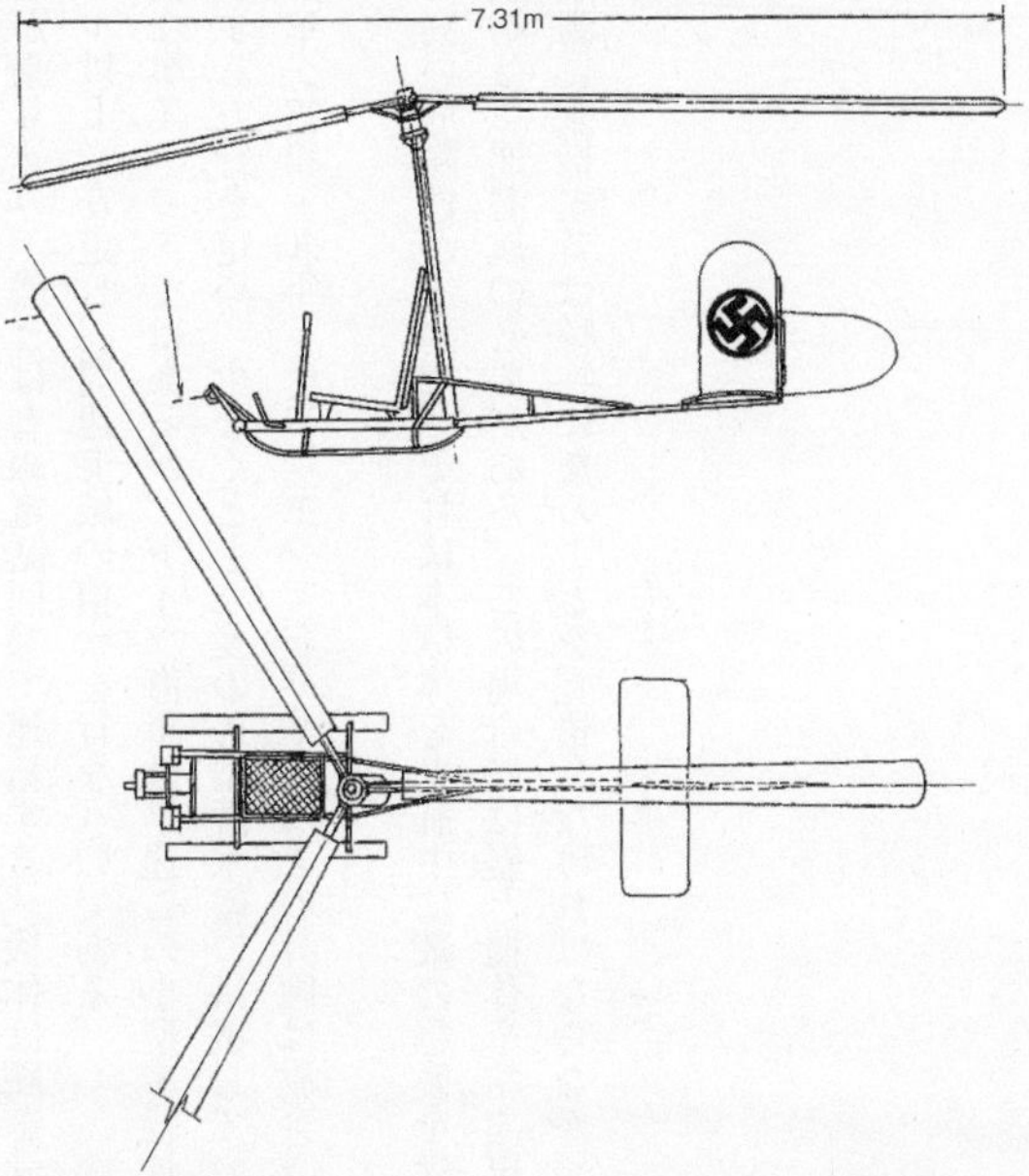

機体を空中に浮かび上がらせるものである。

機体には操縦者一名が乗り込み、艦とは有線電話回線で連結する。機体は風を受けて高度一〇〇メートル以上で安定し、周辺海域の偵察を行なうのである。

極めて単純かつ奇抜なアイディアではあるが、ドイツ海軍は早速この小型・軽量の機体を潜水艦に搭載する方針を定め、少なくとも三隻のⅨ型潜水艦に搭載しているが、すでに一九四四年（昭和十九年）後半に至っておりそれ以上の計画は放棄された。

ただ本機には極めて高い危険性があった。それは本機体を曳航中に敵の急襲を受けた場合、母艦の潜水艦は急速潜航の必要がある。この場合には艦と機体を結ぶ曳航索は切り離され、観測員兼操縦者は犠牲になることを覚悟しなければならなかった。

第5章　譲渡潜水艦

日本海軍は太平洋戦争中に合計八隻の実戦用潜水艦をドイツから入手している。この八隻の内訳はドイツ潜水艦六隻とイタリア潜水艦二隻である。

これら八隻の潜水艦の入手経路は様々である。ドイツ海軍は昭和十八年四月に、当時のドイツ海軍の標準的な第一線用潜水艦であるⅨC型のU511を日本海軍に譲渡することを決定し、同年四月にドイツ海軍の乗組員により、当時ドイツ海軍のインド洋方面での通商破壊作戦の拠点基地として使っていた、マレー半島のペナンに回航することに成功した。

本艦は回航の途中では中部大西洋、南大西洋、インド洋で通常の通商破壊作戦を展開しながら、四ヵ月を費やしてペナンに到着している。

ペナン基地は日本海軍のインド洋、ベンガル湾方面作戦の拠点基地であり、日本が占領後はドイツ海軍も格好の拠点基地として、通商破壊作戦を展開する潜水艦や特設巡洋艦（仮装巡洋艦）の補給・休養基地として使っていた。

ドイツ海軍が本潜水艦を日本海軍に譲渡する考えには、日独相互の軍事情報の交換と共にあった技術情報の交流の一環として、本艦を基本にした潜水艦を日本でも建造し、とくにインド洋方面での通商破壊作戦を日独協力の下でより強力に展開しようとする計画が存在したためであった。

このⅨC型潜水艦はドイツ海軍潜水艦の基幹となっている高性能潜水艦であった。

本艦の基本要目は次のとおりである。

基準排水量（水上）　一一二〇トン
（水中）　一二三二トン
全長　七六・八メートル
全幅　六・八メートル
主機関（水上）　ディーゼル機関（最大出力二二〇〇馬力）、二軸推進
（水中）　蓄電池駆動電動機（最大出力五〇〇馬力）、二軸推進
最高速力（水上）　一八・三ノット
（水中）　七・二ノット
航続距離（水上）　一二ノットで一万一〇〇〇カイリ（約二万三七〇〇キロ）

（水中）　四ノットで六三カイリ（約一一七キロ）

安全潜航深度　一〇〇メートル

武装　一〇・五センチ単装砲一門

二〇ミリ単装機関銃一〜二梃

五三センチ魚雷発射管六門（資料による最大数）

魚雷二二本

本艦の規模と性能は日本海軍の伊一七六型潜水艦と呂三五型潜水艦の中間に位置するものと判断できる。大型の艦隊型潜水艦が主力の日本海軍に比べ、ドイツ海軍が得意とする通商破壊作戦を展開するには理想的な規模と性能を兼ね備えている潜水艦であった。

Ⅸ型潜水艦は合計一九六隻が建造された。本艦はドイツ海軍潜水艦（通称、Uボート＝Unter See Boot）の主力となり七〇九隻も建造されたⅦ型の発展型で、長距離作戦を目的として建造された潜水艦である。本艦の最大の特徴は大航続力と優れた耐圧構造で、本艦の耐圧構造は通常安全潜航深度は一〇〇メートルであるが、緊急潜航深度は短時間であれば二〇〇メートルまで潜航可能である。そして船殻の圧壊深度は二五〇メートルとされている。日本海軍の各潜水艦より潜航能力は格段に優れていたことがわかる。

ドイツ潜水艦のさらに大きな特徴は搭載されている主機関のディーゼル機関の静粛性にあ

った。ダイムラー・ベンツ製のディーゼル機関は静粛性と振動の少なさでは日本の潜水艦用主機関とは格段の差があり、ドイツ海軍の潜水艦乗員に「日本潜水艦の騒音は海中を太鼓を叩きながら進んでいるようだ」と言わしめるのが現実であった。

譲渡されたU511号は一九四一年（昭和十六年）十二月にドイツのヴェルフト造船所で完成し、昭和十八年九月に日本海軍の艦籍に編入されている。日本海軍はその規模から本艦を呂五〇〇と呼称したが、以後実戦に投入することはなく、潜水艦の構造や建造技術習得の参考艦として用いられ、主に量産型潜水艦の設計標準や電気溶接技術の習得に使われ、開発が進んでいた水中高速潜水艦伊二〇一型や波二〇〇型の設計や建造方法に大いに参考になったとされている。

日本海軍に譲渡された二隻目のドイツ潜水艦は、先に譲渡されたU511と同型のⅨC型であるが、同型より航続距離を約五〇〇カイリ（約九三〇キロ）伸延したⅨC40型で、ドイツ潜水艦の艦番号はU1224であった。

本艦は一九四四年二月にドイツのキールで日本海軍に引き渡され、呂五〇一潜水艦と改名され、日本から送り込まれた日本の乗組員により回航されることになった。しかしその途中の五月十三日、アフリカ西岸沖のヴェルデ諸島の西北西約一〇〇〇キロ付近で、アメリカ海軍のハンター・キラーチーム（護衛空母一隻と護衛駆逐艦四隻で編成された潜水艦狩り専門の攻撃隊）に捕捉され撃沈された。

（上）呂500号、（下）コマンダンテ・カッペリーニ〈伊503号〉

日本海軍はその後昭和二十年五月に、インドネシアのジャカルタを基地とし、インド洋方面で通商破壊作戦を展開していたドイツ潜水艦六隻を接収した（ドイツ降伏により）。そしてこれら六隻を伊五〇一号～伊五〇六号潜水艦として日本海軍籍に編入した。

これら六隻の中の二隻（伊五〇一、五〇二）は呂五〇〇潜水艦と同じⅨ型であったが、伊五〇六号はＸＢ型に属する航洋型機雷敷設潜水艦（搭載機雷六六個）であった。

なお伊五〇三号と伊五〇四号はいずれも元イタリア海軍の潜

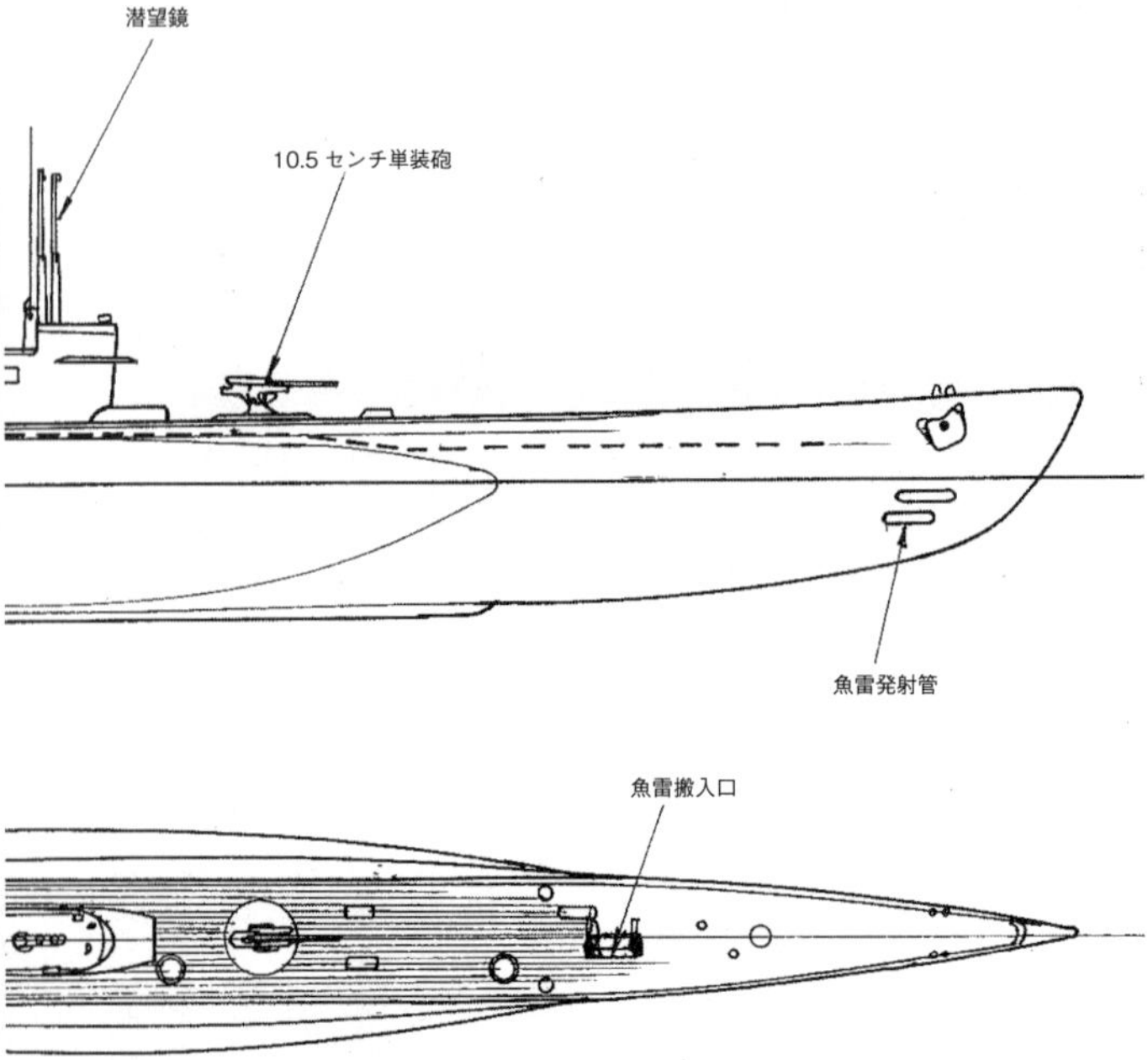
潜望鏡
10.5 センチ単装砲
魚雷発射管
魚雷搬入口

第16図　ドイツ海軍IX型潜水艦

基準排水量	(水上)	1120トン
	(水中)	1232トン
全　　長		76.8メートル
全　　幅		6.8メートル
主 機 関	(水上)	MAN製ディーゼル機関2基 (合計最大出力4400馬力)
	(水中)	蓄電池駆動電動機2基 (合計最大出力1000馬力)
最高速力	(水上)	18.3ノット
	(水中)	7.2ノット
安全潜航深度		100メートル
魚雷発射管		6門(搭載魚雷数22本)

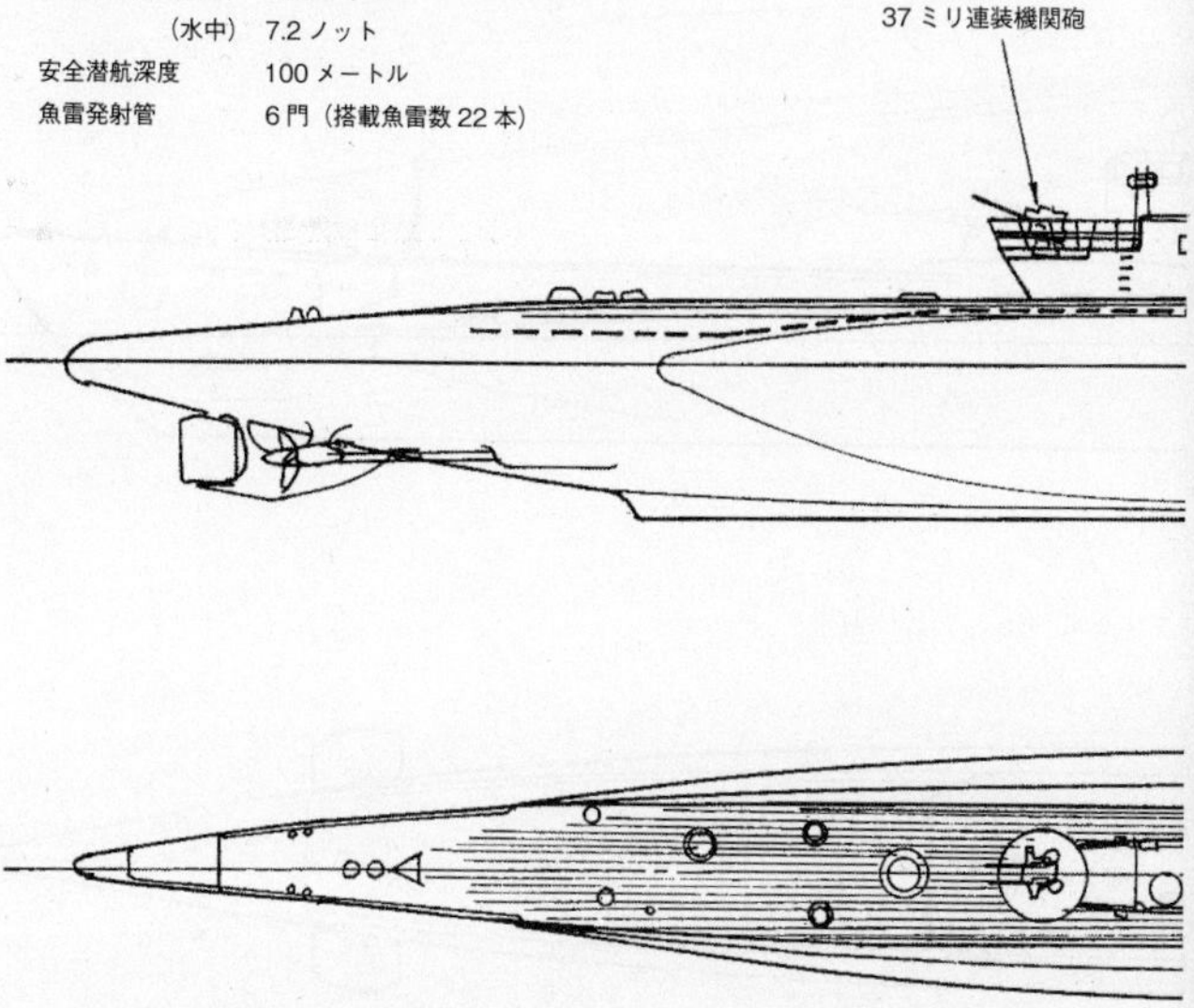

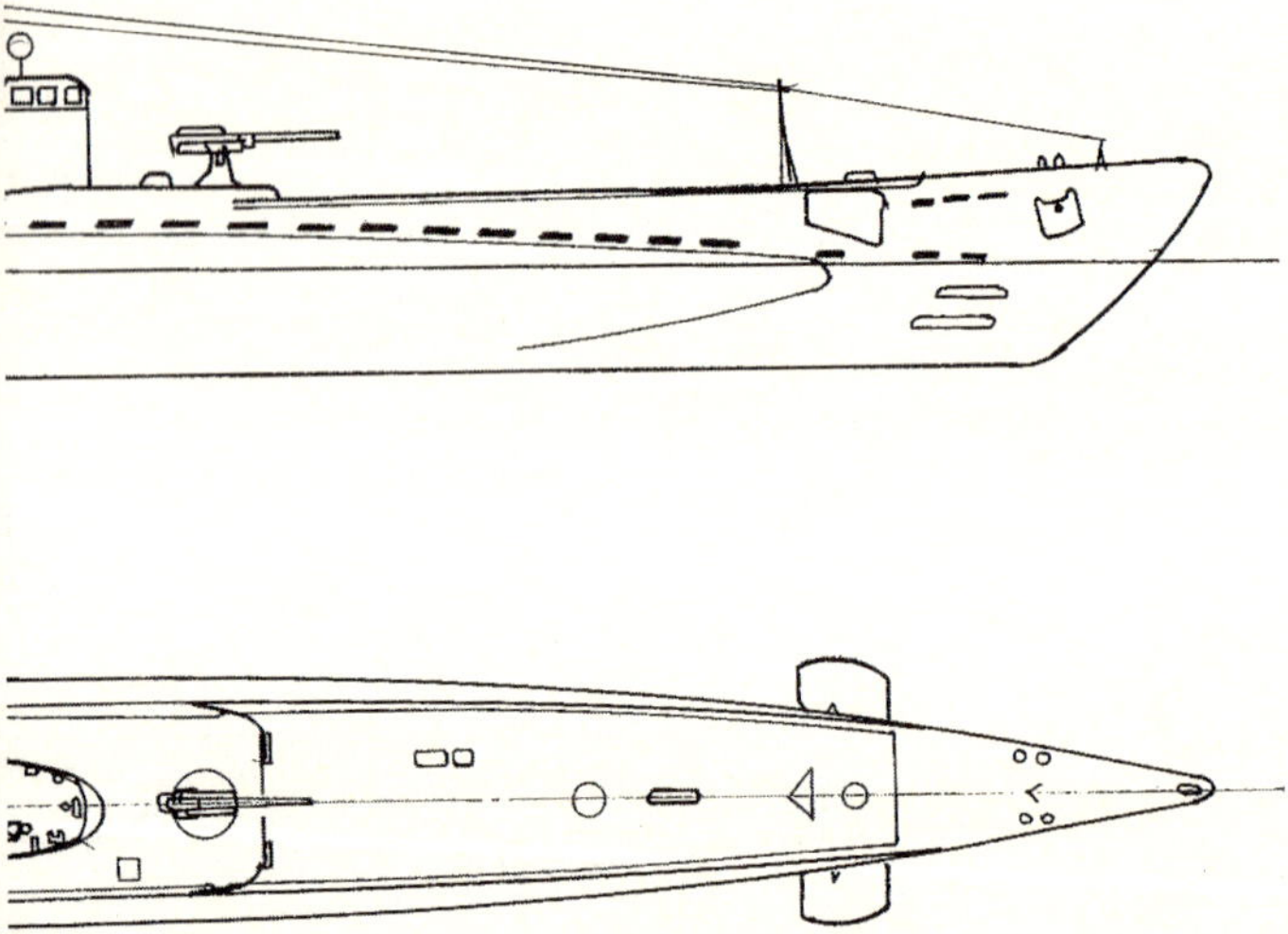

第17図　イタリア海軍マルセロ型潜水艦

基準排水量（水上）	1110トン
全　　長	87.6メートル
全　　幅	7.5メートル
主 機 関（水上）	MAN製ディーゼル機関2基 （合計最大出力5400馬力）
（水中）	蓄電池駆動電動機2基 （合計最大出力1100馬力）
最高速力（水上）	19.3ノット
（水中）	7.0ノット
安全潜航深度	100メートル
魚雷発射管	4門（搭載魚雷数24本）

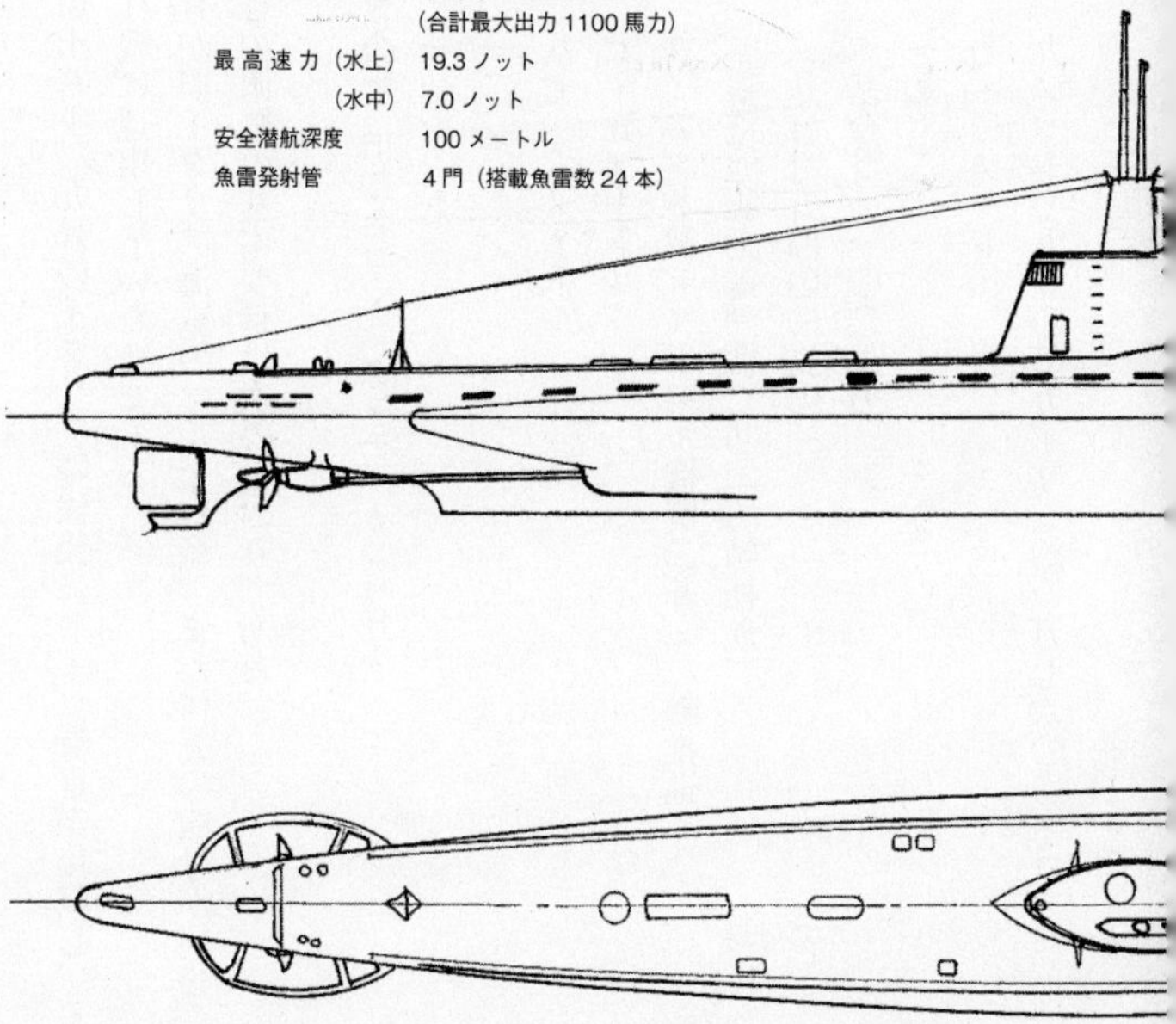

水艦で、一九四三年（昭和十八年）九月のイタリア降伏後にドイツ海軍が接収し、インド洋でドイツ海軍の通商破壊作戦に運用していた艦である。
この二隻は、伊五〇三号が旧イタリア海軍のマルセロ型、また伊五〇四号が同じくマルコーニ型潜水艦であった。この両艦の基本要目は次のとおりである。

伊五〇三（マルセロ型潜水艦・旧艦名コマンダンテ・カッペリーニ）
常備排水量（水上）　一一一〇トン
（水中）　一二一〇トン
全長　八七・六メートル
全幅　七・五メートル
主機関（水上）　フィアット製ディーゼル機関二基（二軸推進）
（水中）　蓄電池駆動電動機二基（二軸推進）
最大出力（水上）　二基合計五四〇〇馬力
（水中）　二基合計一一〇〇馬力
最高速力（水上）　一九・三ノット
（水中）　七・〇ノット
航続距離（水上）　九ノットで九五〇〇カイリ（約一万七六〇〇キロ）

（水中）　四ノットで八〇カイリ（約一四八キロ）
安全潜航深度　一〇〇メートル
武装　一〇・五センチ単装砲一門
二〇ミリ単装機関銃一梃
五三センチ魚雷発射管四門
魚雷二四本

伊五〇四（マルコーニ型潜水艦・旧艦名ルイギ・トレルリ）
常備排水量（水上）　一〇三六トン
（水中）　一四八九トン
全長　七六・〇メートル
全幅　七・九メートル
主機関（水上）　CRDAディーゼル機関二基
（水中）　蓄電池駆動電動機二基
最大出力（水上）　二基合計三六〇〇馬力
（水中）　二基合計一二四〇馬力
最高速力（水上）　一七・七五ノット

（水中）　八・五ノット
航続力（水上）　九ノットで九五〇〇カイリ（約一万七六〇〇キロ）
（水中）　四ノットで一一〇カイリ（約二〇〇キロ）
安全潜航深度　一〇〇メートル
武装　一〇・五センチ単装砲一門
二〇ミリ単装機関銃一梃
五三センチ魚雷発射管四門
魚雷一六本

これら六隻の接収潜水艦は戦争末期の混乱の中、日本海軍の実戦用潜水艦として運用された記録はなく、戦後すべてが解体あるいは海没処分された。

第6章　日本海軍の特殊潜航艇

特殊潜航艇甲標的

日本海軍は太平洋戦争中に幾つかの型式の特殊潜航艇を開発し、そしてその一部を実戦に投入した。しかしその大半は戦争末期の特殊な環境の中で生まれた潜航艇で、水中攻撃兵力ではあるが、魚雷を装備し敵艦艇に接近しそれらを発射して敵艦を撃破するという、正攻法の攻撃兵器ではなく、装備する魚雷または爆薬ごと敵艦艇に衝突させ目標を撃沈破するという、人間が操縦し自らも爆破させる方式の、日本特有の特攻兵器であった。

このような自己犠牲により敵艦艇を撃破しようとする攻撃方法は、すでに日露戦争当時にその発想は誕生していた。

旅順港内に集結したロシア極東艦隊の主力を港内で撃滅する手段として、侵入がほぼ不可能な旅順港内に、人の手で操縦する魚雷を密かに潜入させ、操縦者もろとも敵艦艇に突撃させ、敵艦を撃破しようとする考えが一部の将校から強く提案された。しかしこの時この提案は採りあげられず実現しなかった。

こうした手段は後に陸軍で「爆弾三勇士」として実現されることになった。これは長い筒状に成形された爆薬を三名の兵士が抱え、頑丈な敵陣地前に配置された鉄条網に飛び込み、兵士もろとも爆薬を爆発させ、攻撃路を切り開こうとする手段で、実際に使用されたのである。

当時の日本陸海軍の大半の将兵の精神内に滞留する、独特の自己犠牲精神の極端な発露でもあるのだ。

人間魚雷の思考は、その後自己犠牲の精神が打ち消された姿として再び登場することになった。その最初が昭和八年（一九三三年）に発案された特殊潜航艇（正式呼称、甲標的）である。

昭和八年に当時の海軍艦政本部の第一部の岸本大佐が、大型の魚雷状の小型潜航艇に一～二本の魚雷を装備し、これを密かに敵艦隊の泊地に潜入させ、至近距離から魚雷を発射し確実に敵艦艇を撃沈破壊する戦法を提案した。この戦法は直ちに検討され具体化の研究が開始された。

その後本案はより具体化することとなり、翌昭和九年には試作艇が造られ各種試験が展開された。そして昭和十二年には最終的な試作艇が造られ実用試験が開始されたのである。この最終試作艇はその後実用艇として建造が決まったが、海軍内ではこの「潜航艇」は最高の機密である「軍機」扱いとしたのである。

そのために以後、本艇の海軍内での名称は「対潜標的」「A標的」あるいは「TB標的」などと呼称され、関係者以外には完全に秘密扱いとされたのであった。そして昭和十三年に実用型（量産型）の特殊潜航艇が建造され、名称も「甲標的」と呼ばれることになった。

全長約二四メートルの本艇の艇首には四五センチ魚雷二本が縦に並べて配置され、専用の母艦または潜水艦の甲板に搭載され、敵地または敵艦隊の進む前面海域で密かに発進され、敵艦艇に至近の距離から魚雷を発射するのである。そして魚雷発射後の潜航艇は母艦または母潜水艦に「帰投することが原則」となっていたのである。

なおここで採用された魚雷は、日本海軍が開発した唯一の航空魚雷である九一式魚雷を改良（主に炸薬量を増す）したものが使われた。

九一式魚雷の諸元は次のとおり。

全長五・二七メートル、直径四五センチ

重量八四八キロ、炸薬量二三五キロ

なお甲標的に搭載された九一式魚雷の改良型は炸薬量が三五〇キログラムと、九一式魚雷より炸薬量が五〇パーセント増量されており、破壊力が強化されている。このために魚雷の重量は一トンに増加している。

なお甲標的で使用する魚雷は、当初は九三式酸素魚雷の改良型（九七式酸素魚雷＝雷速五〇ノット、射程五〇〇〇メートル）を使用する計画であったが、発射前の魚雷の調整が複雑であるために、蓄電池駆動式の九一式（改）魚雷に決定した経緯がある。

甲標的の基本要目は次のとおりである。

全没排水量	四六トン
全長	二三・九メートル
全幅	一・八五メートル
主機関	蓄電池駆動電動機（最大出力六〇〇馬力）
動力源	特D型蓄電池（二二四個）
水中最高速力	一九・〇ノット
水中航続距離	六ノットで八〇カイリ（約一五〇キロ）
安全潜航深度	一〇〇メートル
武装	四五センチ魚雷（二本）
乗員	二名

海軍が構想していた本特殊潜水艦（甲標的）の基本的な戦法は次のとおりであった。

——敵主力艦隊の進行する前面海域で待機する甲標的搭載の潜水艦または搭載母艦は、敵の視界外であらかじめ多数の甲標的を発進させ待機させる。待機していた甲標的は、敵艦隊が視界に入った時点で敵艦隊に向かって潜航しながら接近し、至近距離から魚雷を発射する。敵艦隊にダメージが発生し戦闘能力が大幅にダウンした段階で味方主力艦隊が接近し、砲雷撃戦を展開して敵艦隊を撃滅する——。

この際に大きな戦力になるのが、艦隊の前面に展開する航空潜水艦であり、搭載された水上偵察機の広範な索敵能力であった。つまり日本海軍は甲標的を日本海軍特有の航空潜水艦と一体化させて運用する、という考え方を持っていたことになるのだ。

しかし日本海軍は甲標的の運用方法を艦隊決戦の際の秘密兵器としてばかりでなく、敵艦隊要地へ潜入させ、敵艦艇に奇襲攻撃を加える戦法も捨ててはいなかったのである。

ただ甲標的の運用は奇襲攻撃第一であり、攻撃後の帰投という点には「確実性」という面では多くの疑問を残すものがあり、後に出現する特攻兵器的な思考は存在したものと考えざるを得ないのである。

日本海軍は甲標的の完成と同時に本艇を搭載し発進させるための、甲標的母艦の建造も開始した。水上機母艦「千歳」や「千代田」、同じく「日進」や「瑞穂」の四隻はいずれも有事に際しては、必要であれば甲標的母艦に改造可能な設備が準備されていた。そして事実太平洋戦争勃発時点では水上機母艦「千歳」は甲標的母艦として運用可能な改造が終了していた。

ここで繰り返すが、甲標的と後述する水中特攻兵器との最大の違いは、甲標的は敵を攻撃後母艦に「帰投すること」が原則であることで、運用方法によっては帰還に対する多くの危険がともなう可能性はあるが、決して「片道特攻兵器」ではないということである。

甲標的の実戦艇の完成は昭和十六年に入っていた。そして太平洋戦争の開戦時点までに搭乗員を含め実戦投入可能な甲標的は、二〇隻の完成を見ていた。

余談ながら甲標的の開発過程で得られた様々な技術的蓄積は、同じ頃開発が行なわれていた水中高速潜水艦である第七一号艦の建造に大きく寄与することになった。

甲標的の船体の形状は、単殻型式魚雷形の船体中央部にコンパクトな構造の司令塔を配し、乗組員はこの司令塔内とその直下の船殻内に配置され、艇の操縦と魚雷発射の操作が行なわれた。

船体の前半部には上下二段に四五センチ魚雷発射管が配置され、改良型の四五センチ九一式航空魚雷が装塡された。そしてその直後には魚雷発射用の気蓄器、操縦用気蓄器、蓄電池、さらに機蓄器配管とバラストタンクが配置された。また司令塔の後部には蓄電池と電動機、バラストタンクが配置され、船体の最後部には魚雷と同じく二重反転式のスクリューが配置されていた。そしてスクリューの直前には十字型の舵が配置され、船体の上下左右の操作を可能にしていた。なお舵の動作は油圧式で行なわれた。

甲標的丙型

なお艇内と外部との連絡（通信）は無線で行なわれるようになっており、艇体の最前部には起倒式の無線通信用マストが収納されるようになっていた。

最初の量産型の甲標的は「甲」型と呼称された。その後蓄電池に充電設備がないことから、船体を一メートル延長し、内部に充電用の出力四〇馬力のディーゼル発電機を装備した。充電は浮上中に行なわれるが、この改良により航続力は五〇パーセント伸び、水中四ノットでの航続距離は一二〇カイリ（約二二〇キロ）に延び、この改良型を「乙」型と称し、再改良の「丙」型とともに主に局地防衛用（基地発進方式）として配置された。

甲標的の建造数については諸説があるが、甲型五二隻、乙型（一部再改良の「丙」型を含む）八六隻の合計一三八隻とされている

甲標的の運用方法の基本は、専用の母艦から敵艦隊に向けて複数の甲標的を出撃させ、敵艦隊に隠密裏に接近した甲標的か

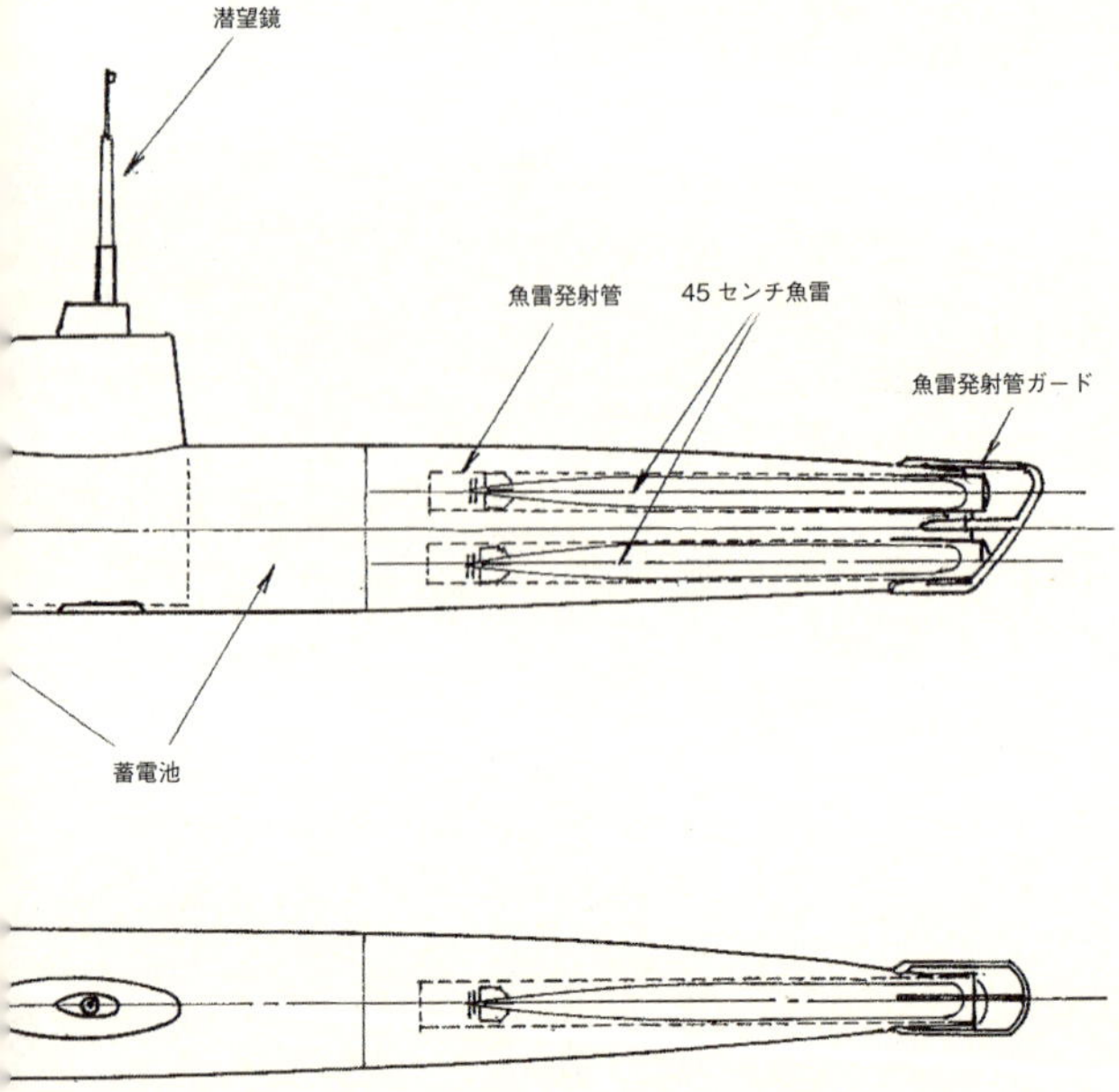
潜望鏡
魚雷発射管
45 センチ魚雷
魚雷発射管ガード
蓄電池

第18図　甲標的

全没排水量	46トン
全　　長	23.9メートル
全　　幅	1.85メートル
主 機 関	特D型蓄電池駆動電動機1基（最大出力600馬力）
最高速力	（水上）　19.0ノット
航 続 力	（水中）　6ノットで80カイリ（約150キロメートル） （水上）　10ノットで180カイリ（約333キロメートル）
安全潜航深度	100メートル
魚雷搭載数	45センチ魚雷2本

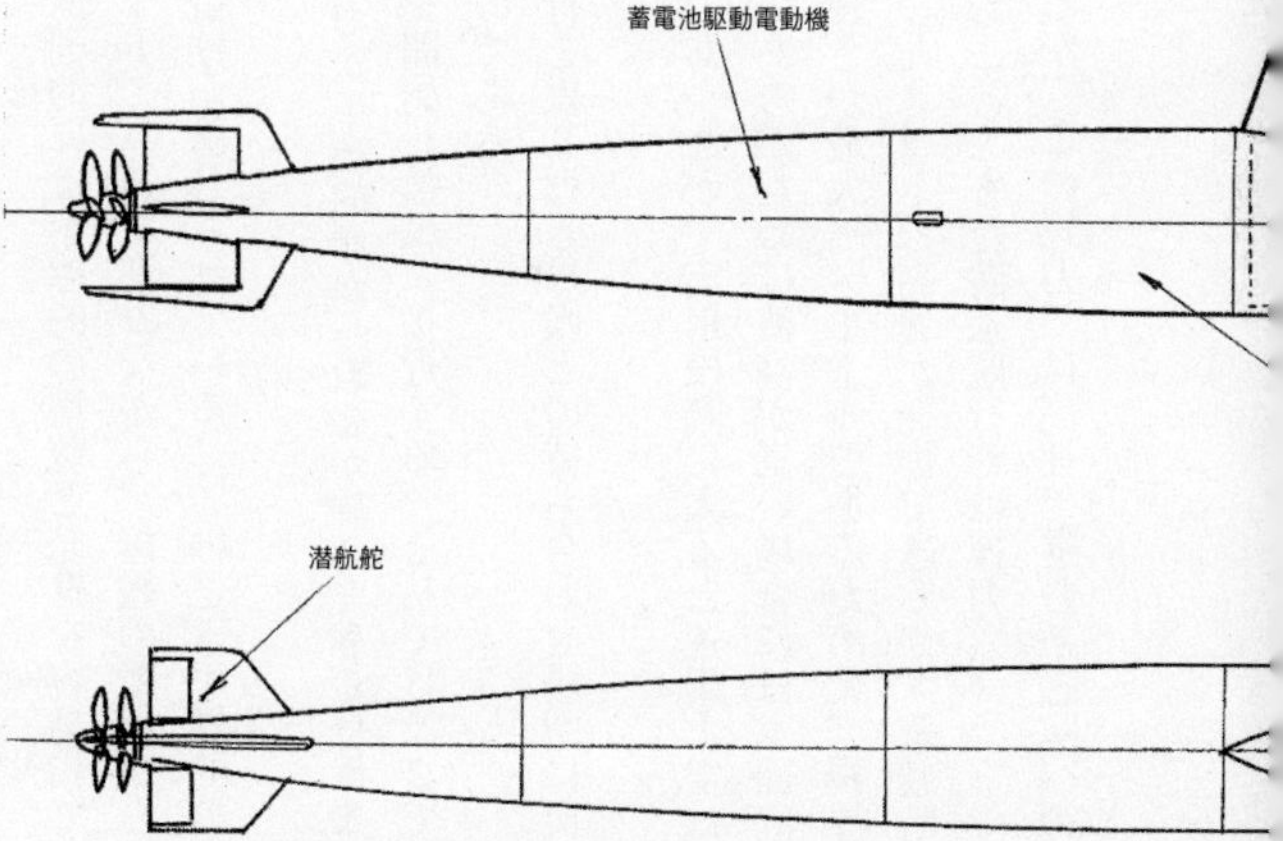

ら魚雷を発射する方法である。

このとき甲標的を出撃させる母艦は、原則的には甲標的の搭載と発進を容易にできる専用の母艦であり、敵艦隊の視界外で二〇ノットの高速で進みながら、母艦の艦尾から甲標的を連続して海面に送り出すことができる仕掛けが講じられている。このとき甲標的の発進の間隔は一〇〇〇メートルとされている。

発進した甲標的は敵の視界内に至るまで（甲標的側から敵艦が確認できる位置まで）水上を航行し、敵影を発見すると同時に潜航を開始し敵艦に接近する。そして目標まで八〇〇メートルの位置で魚雷を連続して発射するのである。

魚雷を発射した甲標的は潜航と水上航行を繰り返し母艦との待ち合わせ場所に戻り、乗員は母艦に収容されるのである。

しかし甲標的は思考的には優れたものであったが、実用段階に入ると運用上では多くの問題が提起されることになった。艇が小型であるがために波高が高い場合には水面直下での推進に安定さを欠きやすいこと。潜望鏡の長さが最大三メートルであるために、視界が限定されること。水中航行の場合の最高速力は一九ノットの高速が発揮できるが、継続時間はわずか五〇分となり、攻撃行動に支障が生じること。また潜水航行では速力六ノットで八〇カイリ（約一五〇キロ）の航続距離は得られるが、この速力では高速で進む敵艦隊への接近は困難になること、等々である。

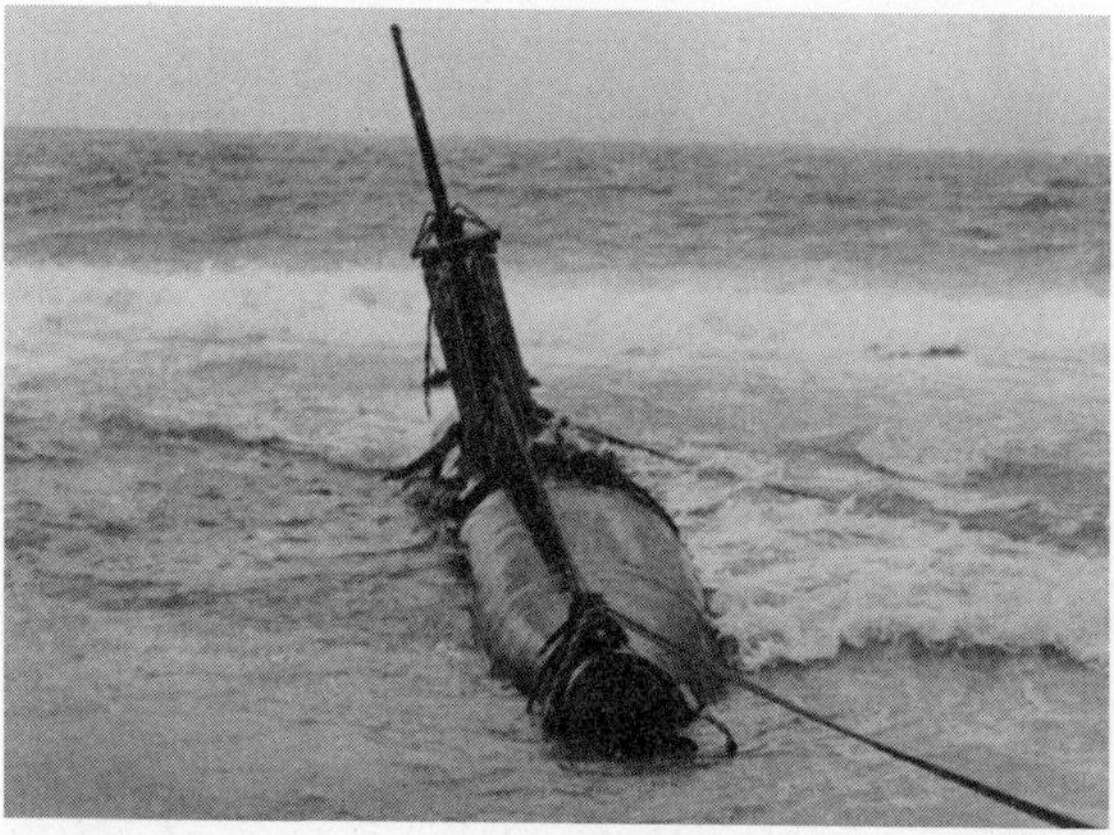

ハワイで擱座した甲標的

つまり本艇は実戦における運用では様々な制約を受けることになり、専用の母艦から出撃する方法には大胆な改善が要求されることになったのである。

その解決策として登場したのが潜水艦に甲標的を搭載し、目標地点まで隠密で輸送し、攻撃直前で甲標的を発進させる手段であった。この場合も「原則」として攻撃後は母艦である潜水艦に帰投することが定められた。そして太平洋戦争での甲標的の母艦運用方法はすべて潜水艦を母艦とする攻撃手段が採用されたのであった。

甲標的は一般に知られている以上に幾つかの戦域で出撃しており、ある程度の戦果を挙げていた。甲標的の戦果として有名なものは、太平洋戦争開戦当日、日本海軍の機動部隊の攻撃が展開される直前に真珠湾に突入し、停泊中の艦艇を雷撃しようとした事例。シドニー湾に潜入し停泊中の艦艇を雷撃しようとした事例、マダガスカル島のディエゴスアレス港に潜入し、停泊中のイギリス海軍の艦船を雷撃した事例、などがある。これらのについてその概略を次に紹介する。

イ、真珠湾潜入攻撃

この作戦は日本海軍の機動部隊の航空攻撃に併せ、特殊潜航艇五隻を湾内に潜入させて在泊艦艇を雷撃しようとするものであった。五隻の甲標的は五隻の潜水艦（伊一六、一八、二〇、二二、二四号）の各艦に各一隻ずつ搭載され、これを真珠湾至近の海域で発進させ湾内に突入させ、雷撃を行なうというもので、本来は生還が極めて困難な作戦ではあった。

しかし出撃した五隻は哨戒艇や駆逐艦による爆雷あるいは砲撃、またジャイロ不備による座礁などにより湾内で作戦に成功した艇はなく、全艇が戦果なく失われた。

ロ、ディエゴスアレス港襲撃

昭和十七年（一九四二年）五月三十一日、アフリカ大陸東南沖のマダガスカル島の北端にあるイギリス極東艦隊の基地の一つディエゴスアレス港を二隻の潜水艦（伊一六、二〇号）に搭載した甲標的で襲撃した。

襲撃前日の三十日に、二隻に同行した伊一〇潜水艦の搭載する水上偵察機（零式小型水上偵察機）が同港を事前に偵察した。その結果、港内に戦艦一隻と大型輸送艦一隻の在泊が確認された。翌三十一日に二隻の潜水艦から発進した二隻の甲標的が同港への潜入に成功した。

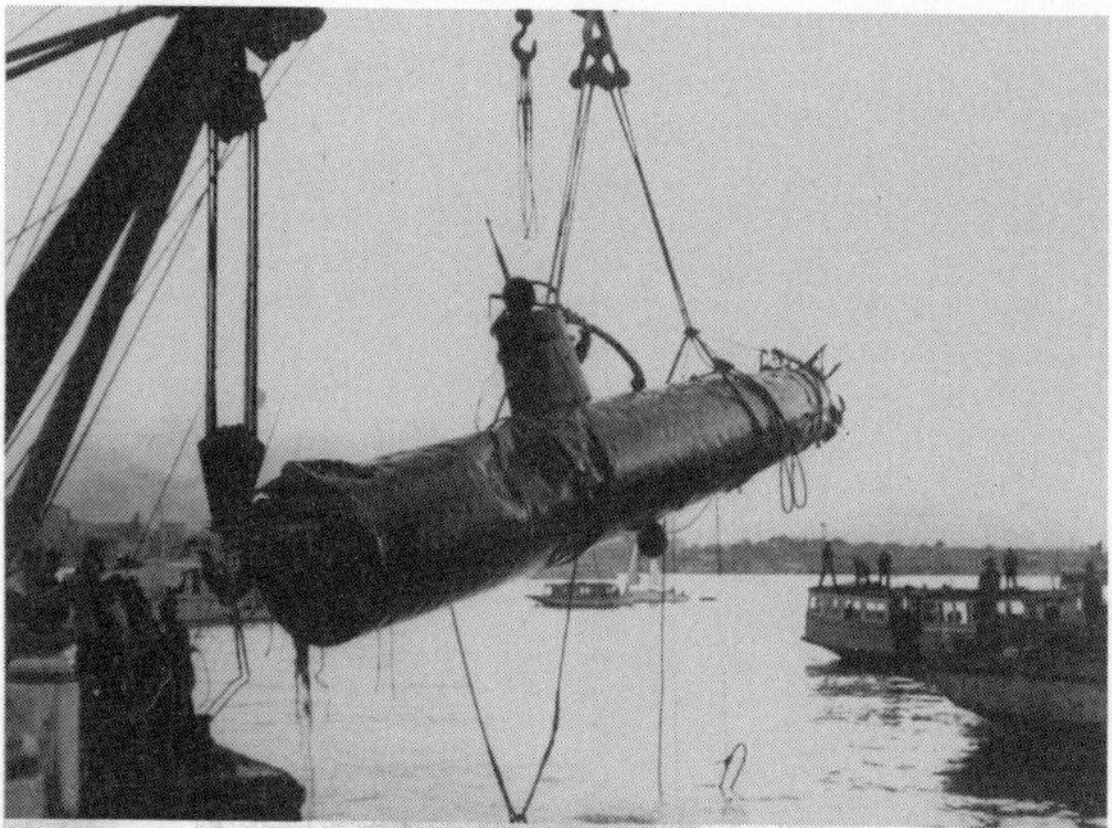

（上）オーストラリアで引き上げられた甲標的、（下）戦争記念館の甲標的

そして二隻から発射された魚雷の一本が戦艦ラミリーズ（基準排水量二万九一五〇トン）に命中爆発。同艦は激しく浸水したが沈没はまぬかれた。また一本は給油艦ブリティッシュ・ロイヤルティー（基準排水量六九九三トン）に命中爆発し、同艦は撃沈された。

但し攻撃した二隻は未帰還となった。なお破損した戦艦ラミリーズはその後アフリカ東岸のダーバンに曳航させ、同地で修理されたが再就役まで一年を要している。

ハ、シドニー港襲撃

昭和十七年五月三十一日、ディエゴスアレス港襲撃と日時を合わせ、オーストラリアのシドニー港を甲標的が襲撃した。同港は商業港であると同時に港内の一角にはオーストラリア海軍の基地が設けられていた。

この日、シドニー港沖合に接近していた三隻の潜水艦（伊二二、二四、二七号）から、シドニー港に向けて三隻の甲標的が発進された。しかし一隻は港口に設けられた防潜網に絡まり行動不能となった。残りの二隻は港内への侵入に成功し、一隻は港内に停泊するアメリカ海軍重巡洋艦シカゴに向けて魚雷を発射したが目標を外れ、近接して停泊していたオーストラリア海軍の宿泊艦（徴用された旧式客船）クッタブルに命中し、同艦は沈没した。しかし甲標的は二隻とも未帰還となった。

なおこのとき襲撃した甲標的の一隻は後にオーストラリア海軍により引き揚げられ、現在はキャンベラの戦争記念館に展示されている。

ニ、ソロモン諸島方面

ガダルカナル島を巡る攻防戦では八隻の甲標的が出撃している。またこれとは別に基地防衛用として五隻の甲標的が送り込まれた（但し実際に到着したのは一隻のみ）。

昭和十七年十一月から十二月にかけて潜水艦（伊二四号他）から合計八回にわたり、八隻の甲標的がガダルカナル島ルンガ泊地に在泊する艦艇攻撃のために出撃している。しかし戦

ソロモン方面で引き上げられた甲標的

果に見るべきものはなく、輸送艦アルキバ一隻に魚雷を命中させたが撃沈には至っていない。なお甲標的は海軍根拠地隊や守備隊の防衛用として、アリューシャン列島のキスカ島に六隻、ハルマヘラ島に二隻、サイパン島に二隻、小笠原諸島に三隻、フィリピンのミンダナオ島に一〇隻など、前進基地配備用の潜水艦戦力として送り込まれた。

ホ、レイテ島攻防戦

甲標的はレイテ島攻防戦でも基地発進の小型潜水艦として実戦に投入された。ミンダナオ島に送り込まれた八隻の甲標的は同島の北部に位置するセブ島のセブに送り込まれた。セブには甲標的専用の基地が建設され八隻の甲標的を配置、同島の北東に隣接するレイテ島のオルモック湾を攻撃する敵艦艇の攻撃に投入された。攻撃は昭和十九年十一月から翌二十年三月まで繰り返された。

この一連の攻撃の中で日本側は多くの駆逐艦や輸送艦を撃沈破したとしているが、アメリカ側の公式記録では

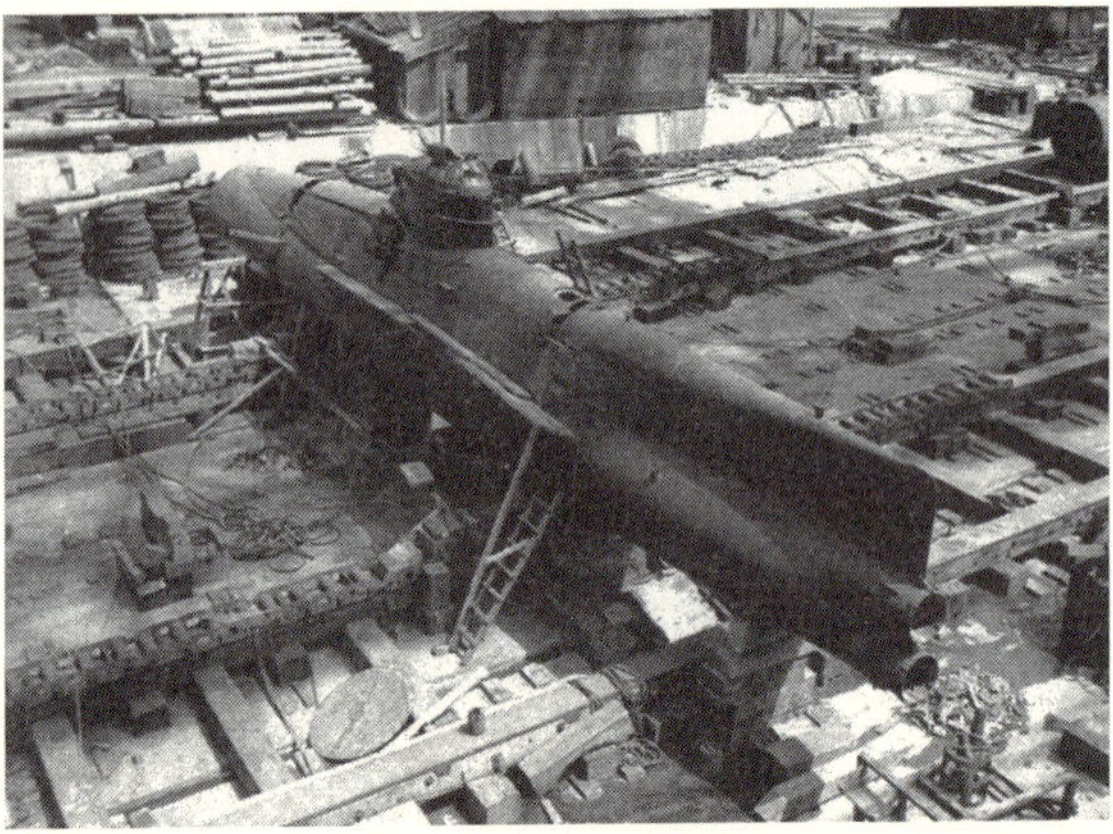
蛟龍

甚大な損害は駆逐艦クーパー（アレン・M・サムナー級、基準排水量二二〇〇トン）の撃沈のみで、損傷した艦艇はあるものの撃沈された艦艇はクーパー以外には存在しない。

甲標的は潜水艦や専用母艦からの発進よりも、前進基地に配置し近接敵要地あるいは侵攻軍に対する奇襲・攻撃用の潜水艦として運用することに価値が認められ、既存の甲標的の航続距離を増し、行動半径を大きくした艇としての改良が進められた。

先にも紹介したように甲標的に自己充電能力を付加し、航続距離を増した改良型甲標的の出現である。本艇は「甲標的丁型」と呼ばれ、既存の甲型や乙型に比較し船体がやや大型化し、乗員も五名に増やすなどの改良が施された。

この丁型は甲標的甲・乙型の甲標的とは区別さ

れ「蛟龍」と呼称された。
甲標的丁型の基本要目は次のとおりである。

全没基準排水量		六〇・三トン
全長		二六・二五メートル
全幅		二・〇四メートル
主機関（水上・水中）		蓄電池駆動電動機（最大出力五〇〇馬力）
最高速力	（水上）	九ノット
	（水中）	一六ノット
航続距離	（水上）	八ノットで一〇〇〇カイリ（一八五二キロ）
	（水中）	一六ノットで四〇カイリ（約七四キロ）
		四ノットで一六〇カイリ（約二九六キロ）
安全潜航深度		一〇〇メートル
武装		四五センチ魚雷二本
乗員		五名

甲標的丁型（蛟龍）は本土決戦用の小型潜航艇として、海軍軍令部は本艇一〇〇〇隻の建

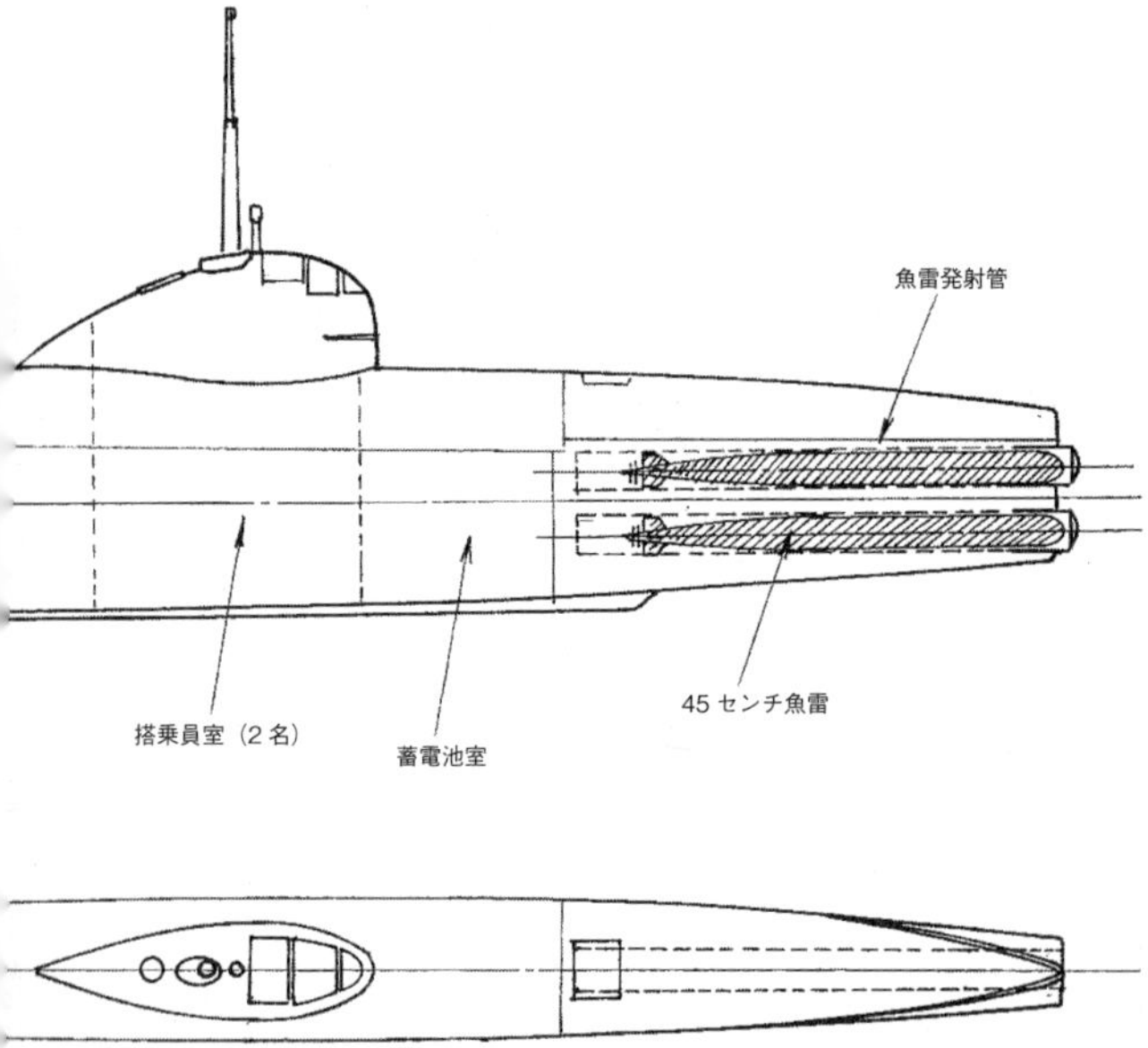

魚雷発射管
45 センチ魚雷
搭乗員室（2 名）
蓄電池室

第19図　甲標的丁型「蛟龍」

基準排水量	（水中）60.3トン
全　　長	26.25メートル
全　　幅	2.04メートル
主 機 関	特D型蓄電池駆動電動機（最大出力500馬力）
最高速力	（水中）16.0ノット
航 続 力	（水中）16ノットで40カイリ（約74キロメートル） 4ノットで160カイリ（約296キロメートル） （水上）8ノットで1000カイリ（約1852キロメートル）
魚雷搭載数	45センチ魚雷2本

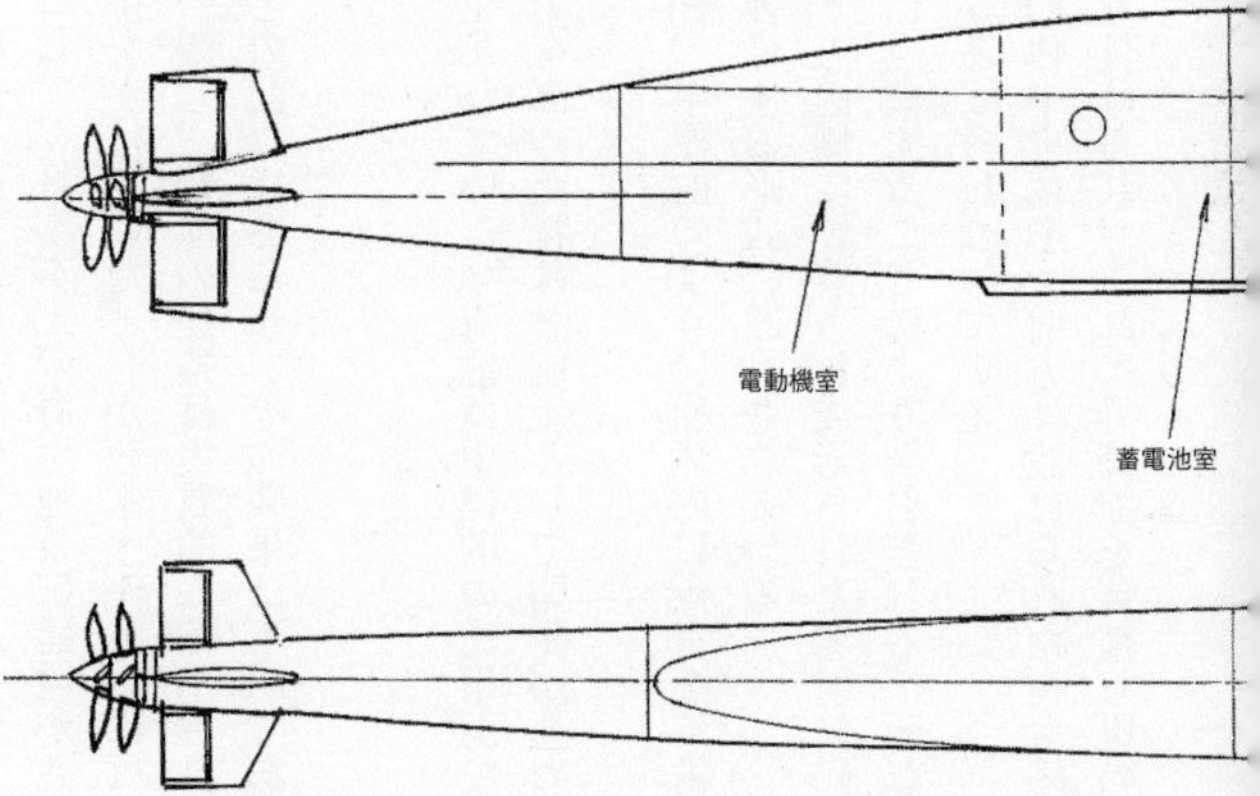

造を計画した。しかし終戦までに完成した艇は一一五隻に過ぎなかった。

本艇は本土決戦（決号作戦）の切り札として、日本本土の海岸地帯に建設が急がれた専用基地に配置し、敵上陸軍艦艇の撃滅に期待をかけていた。しかし本土決戦用には特攻艇としての回天や海龍などが最適とする考えが台頭し、蛟龍の建造は実質的に縮小されたのである。本艇は沖縄作戦において三隻が出撃したとの記録はあるが、その戦果は不明である。

特殊潜航艇海龍

特殊潜航艇海龍の構想は昭和十八年に生まれている。海龍は甲標的の運用上での安定性や操縦性などの不具合を改善し、より攻撃力を高めた特殊潜航艇として開発が進められた潜航艇である。

本艇の基本形態は甲標的に類似であるが、甲標的のように船体内に魚雷を装備するのではなく、船体の下方両側に各一本の魚雷を装備する形式に改良されている。

船体は魚雷型をしており、魚雷は船体下方両側に装着され成形された発射筒内に収められ、発射筒の後端に装備された発射用の火薬に点火することにより発射される。そして魚雷発射後はこの発射筒は自動的に船体から離脱するようになっている。

海龍の外観上の特徴に水中翼がある。船体中央部やや前方に設けられた司令塔の両側直下の舷側に、飛行機の水平尾翼状の翼が取り付けられ、これに昇降舵を装備し艇の海中での浮

海龍

上と潜航ができるようになっている。この水中翼型昇降舵は極めて良好に作動し、甲標的の船尾舵に比較し、艇の急速潜航や急速浮上に要する時間が大幅に短縮されるという結果を得たのである。そしてこの昇降舵の操作用には当時量産が開始されていた海軍の陸上爆撃機「銀河」の操縦系統の装置が転用された。

本艇の水上航行用のエンジンには貨物トラック用の八六馬力のガソリンエンジンが採用され、水中航行用の蓄電池の充電にも使われるようになっていた。

海龍の基本要目は次のとおりである。

全没基準排水量　一九・二トン
全長　一七・二八メートル
全幅　三・四五メートル
主機関（水上）　ガソリンエンジン一基（最大出力八六馬力）
（水中）　蓄電池（特K型一〇〇個）駆動電動機二基（直列）

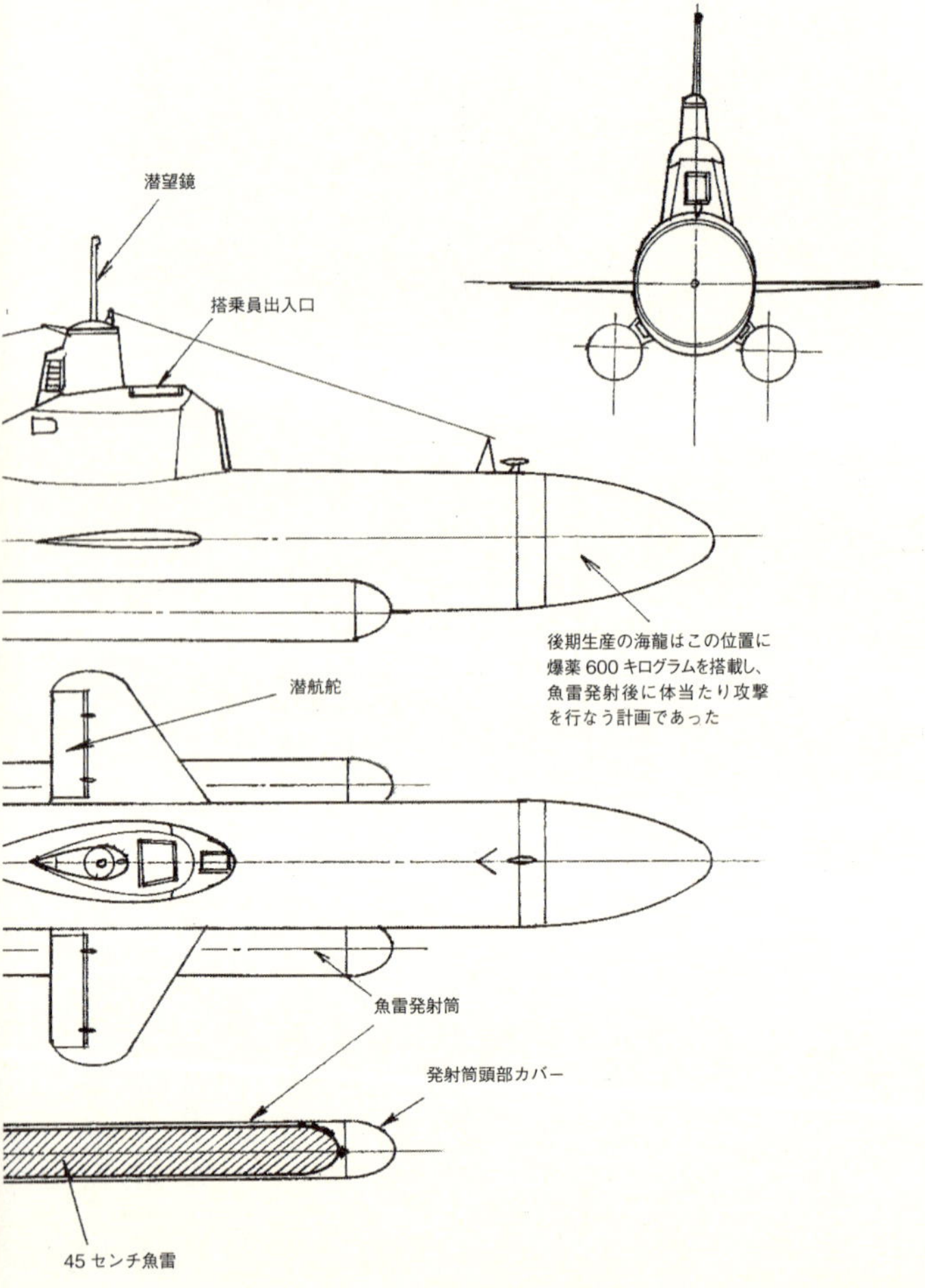
潜望鏡
搭乗員出入口
後期生産の海龍はこの位置に
爆薬 600 キログラムを搭載し、
魚雷発射後に体当たり攻撃
を行なう計画であった
潜航舵
魚雷発射筒
発射筒頭部カバー
45 センチ魚雷

第20図　特殊潜航艇「海龍」

全没排水量　19.2トン
全　　長　17.28メートル
全　　幅　3.45メートル
主 機 関　特K型蓄電池駆動電動機2基
　　　　　（最大出力200馬力）
最高速力　（水中）9.8ノット
安全潜航深度　100メートル
魚雷搭載数　45センチ魚雷2本

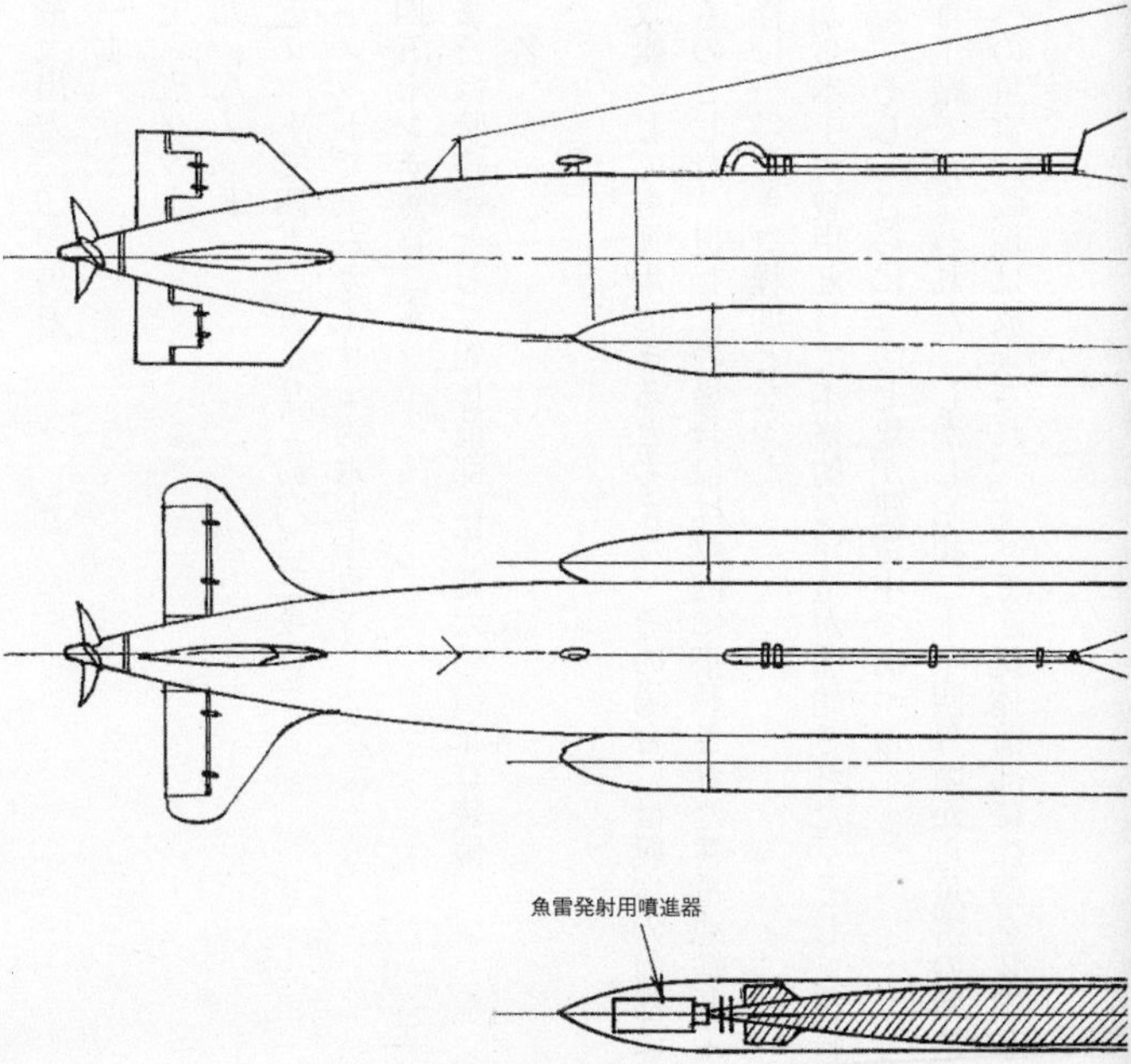

軸数　　　　　　最大出力二〇〇馬力
　　　　　　　　一本
最高速力（水上）七・五ノット
　　　　（水中）九・八ノット
航続距離（水上）五ノットで四五〇カイリ（約八三三キロ）
　　　　（水中）三ノットで三六カイリ（約六七キロ）
武装　　　　　　四五センチ魚雷二本
　　　　　　　　または特攻艇として船体前部に炸薬六〇〇キロ装備
乗員　　　　　　二名

海軍軍令部は本艇を特攻艇としても運用できると考えた。その場合には艇体の前部に六〇〇キロの炸薬を装備するものとした。但しこの場合には艇内に搭載された蓄電池搭載量が削減されるために、行動半径は一〇〇キロ程度となった。

海龍は昭和二十年四月から本土決戦用として本格的な建造が開始された。そして終戦までに二二四隻が完成している。そしてさらに二〇七隻が建造中であった。

建造はすべて横須賀海軍工廠で行なわれた。しかし昭和二十年四月頃から魚雷の製造が滞り出し、その影響で海龍への魚雷の装備は放棄され、すべてが艇体前部に炸薬を装備した特攻艇として運用される予定となった。海龍の実戦への投入の記録は見つかっていない。

回天

回天は特殊潜航艇とはまったく別種に区分されるべき海中兵器である。まさに人間が操縦する魚雷であり、特殊潜航艇とは違い、出撃したら生還の望みが皆無の非情の水中兵器である。回天こそ日本軍特有の自殺兵器であり、世界にこの兵器に類するものは存在しない。

回天の構想は確かに特殊潜航艇「甲標的」の延長線上にある水中兵器として考えられなくはないが、実際にはまったく異なる異端の特殊潜航艇と言えるものである。

回天の発想はガダルカナル攻防戦の敗北後に、日本海軍内の一部先鋭的な将校により構想が固められていた。その中で一人の海軍大尉は「戦況の立て直しには既存のもどかしい艦砲射撃や雷撃ではなく、必中の肉弾攻撃にあり」として、直接人間が操縦できる魚雷を開発し、これによる必中の海戦を展開する、という趣旨の提言書をまとめ、海軍上層部に直訴した。

この思考は海軍軍令部も艦政本部も受け入れるものではなかった。しかしその後、特殊潜航艇（甲標的）の搭乗員からも同様な意見書（むしろ嘆願書）が軍令部等に提出されたが、やはり受け入れられるものではなかった。

しかし戦況が日本側に確実に不利になるにともない、昭和十九年二月に海軍上層部は遂にこの先鋭的な意見書を受け入れ、本案を海軍工廠魚雷実験部に提示し、人間魚雷の試作を命じるに至った。但しその基本案には、搭乗員は最終段階で「本体から脱出すること」が条件とされていた。つまり「基本的には」人間ともども爆発する発想ではなかったのである。

その直後に軍令部総長の意見書が出された。そこには「人間魚雷案は作戦上急速に実現させる価値あり」と記されており、ここに人間魚雷案が正式に実現する方向で推進されることになったのである。以後、この計画は「㈥＝マルロク」の仮名称の下に艦政本部主体で、緊急開発と実験が進められることになった。

人間魚雷回天の試作艇が完成し、直ちに試験が開始されたのは昭和十九年七月であった。そして各種試験の結果、幾つかの改良点が指摘された。しかしその内容は極めて基本的なものが多く、その改良には本体の設計を根本的にやり直さねばならないほどのものであった。しかし現実にはその時間的な余裕はまったくなく、試作艇に幾分の改良を施すことで取りあえずの機能は十分に発揮できるものとして、試作艇を基本に実戦用の人間魚雷の量産を開始することになった。なお試作艇に要求された改良点とは例えば次のようなものであった。

イ、本体が魚雷改造であるために後進ができない。前進のみの機能では運用上不都合が生じる。

ロ、艇体の耐圧強度の限界が八〇メートルでは、本艇を搭載する母艦（潜水艦）の安全深度が一〇〇メートルであることを考えると作戦上不都合が生じる。艇体の耐圧強度を高める必要がある。

回天

昭和十九年九月、早くも本艇を運用するための実用部隊が開隊され、早速訓練が始まった。このとき開隊に際し海軍は全海軍から搭乗員を志願により募集している。募集は搭乗する艇が必殺の兵器であり、生還の可能性が皆無の特攻であることを明示したうえで行なわれている。そしてこれに併せこの人間魚雷は「回天」と命名されたのである。

回天は一型、二型、四型、一〇型の四つの型式が開発された。ただ実用化されたのは一型だけで、他は開発途上で終わっている。

伊八号潜水艦がドイツから持ち帰った資料の中に、潜水艦の主機関として画期的な機能を有するとされる、ヴァルター機関（後章で詳述）に関わる資料があった。この機関は過酸化水素を媒体とし、外気の吸入なく水中での長時間の駆動が可能とされる機関で、水中を航行する潜水艦にとっては革命的な機能を持つものであった（結局ドイツでは実用化に失敗している）。

日本海軍はこの機関を日本独自で開発し、小型の回天の動力

第21図　人間魚雷「回天」1型

全没排水量　8.30トン
全　　長　14.75メートル
最大幅　1.00メートル
駆動装置　93式61センチ酸素魚雷
最高速力　30ノット（時速55.6キロメートル）
航続力　30ノットで23000メートル
炸薬量　1.55トン

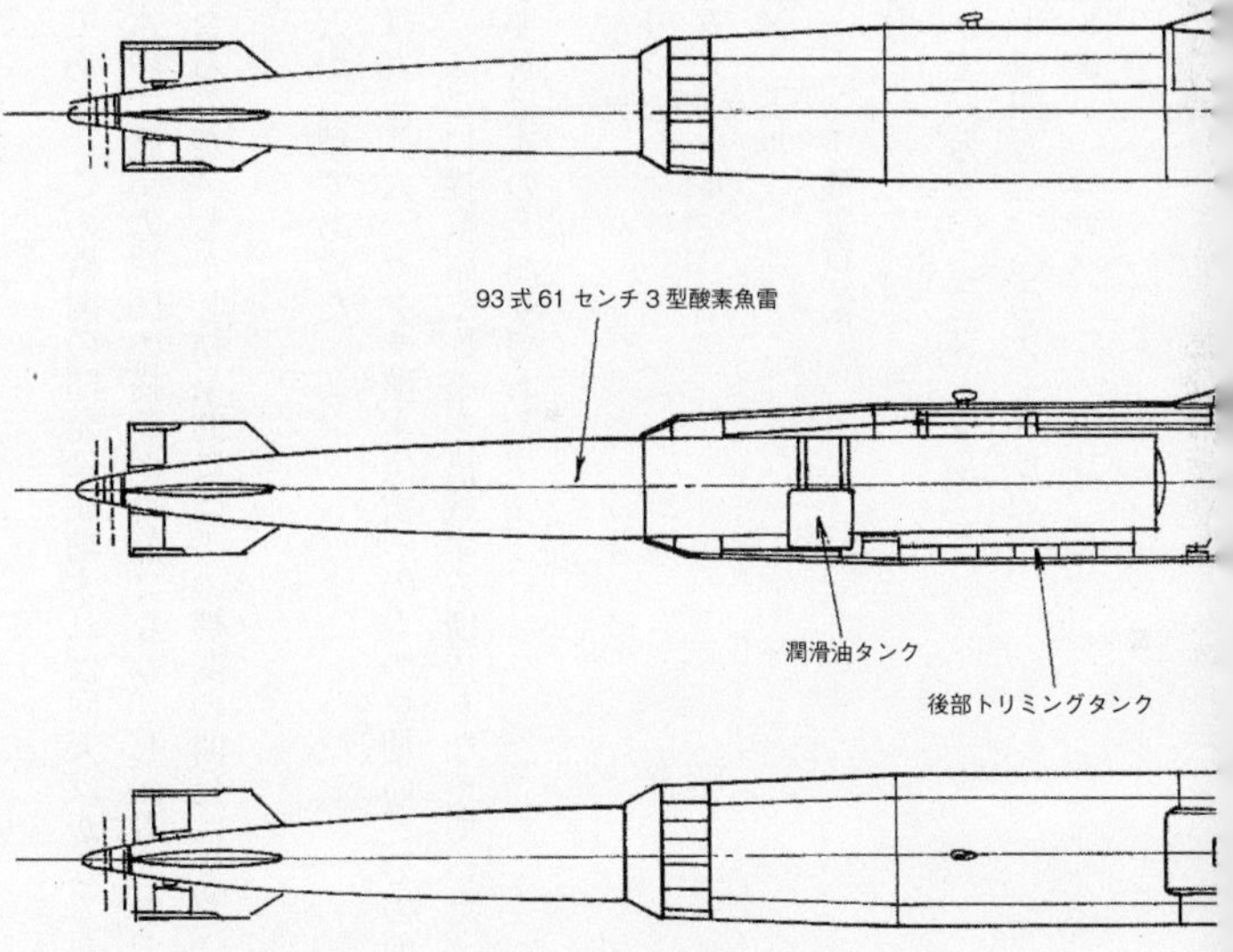

として使う計画が立てられたのである。この機関の開発に成功すれば回天ばかりでなく、今後開発される潜水艦のすべてが水中で強馬力機関の搭載が可能になり、しかも水中での速力が飛躍的に高速化されることになるのだ。しかし結果的にはこの機関の開発は失敗に終わった。

この機関を装備する予定の回天が二型であった。

回天の基本形状は、推進部には九三式六一センチ酸素魚雷そのものを使い、その前方に新たに直径の大きな胴体を接続し、ここに操縦席や炸薬を搭載する構造となっていた。

実用化された回天一型の基本要目は次のとおりである。

全没排水量	八・三〇トン
全長	一四・七五メートル
全幅	一・〇〇メートル
駆動装置	九三式六一センチ酸素魚雷
最大出力	五五〇馬力
速力と射程	三〇ノットで二万三〇〇〇メートル。 二〇ノットで四万三〇〇〇メートル
炸薬量	一・五五トン

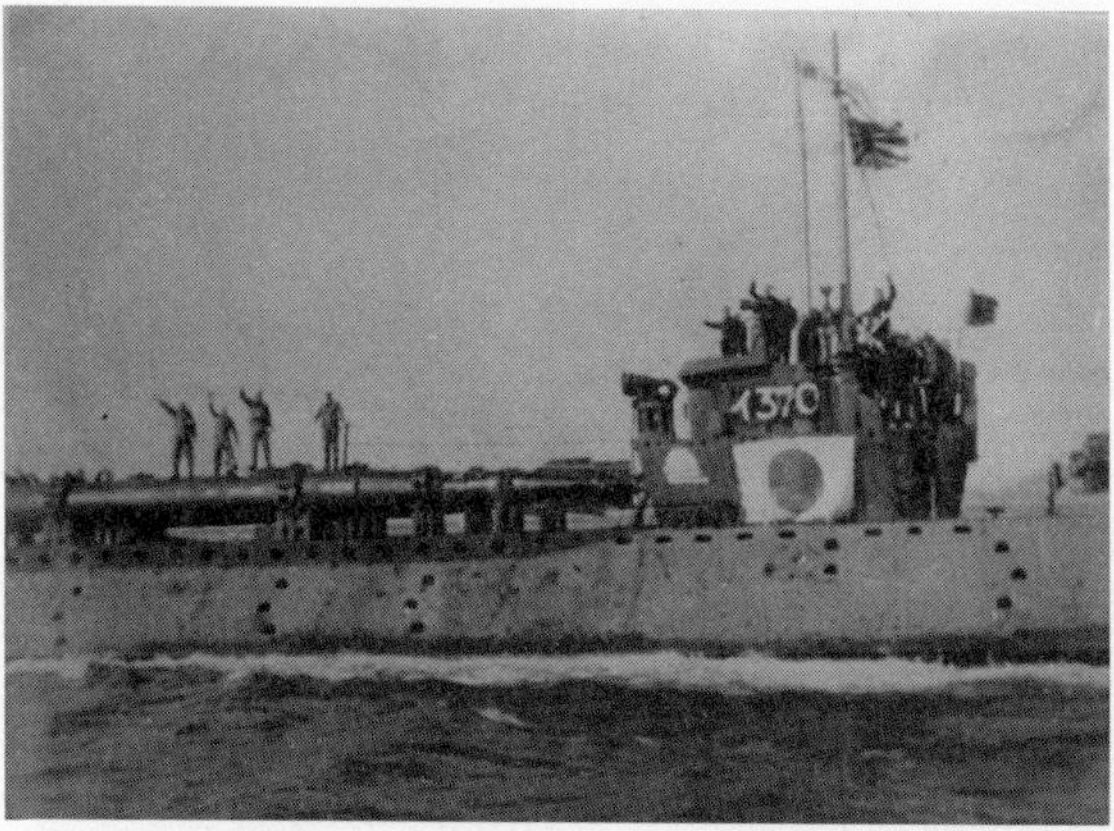

伊370号に搭載される回天

安全潜航深度　　八〇メートル
乗員　　一名

海軍の回天の運用上の基本構想は、決して乗員もろともに命中爆発させようとする、絶対的な「必殺」兵器としての開発ではなかった。搭乗員は攻撃目標が決まったら舵を固定し、しかる後に床面に設けられたハッチから脱出することが前提となっていた。しかしこれはあくまでも建前であって、実際にはこの状態での脱出は不可能といえたのである。

回天の生産は呉海軍工廠が主体となり行なわれたが、当初の大量生産計画は、資材や工員の絶対的な不足から不可能に近く、最大限日産三隻として計画され、終戦時までに完成したのは合計四二〇隻に止まった。

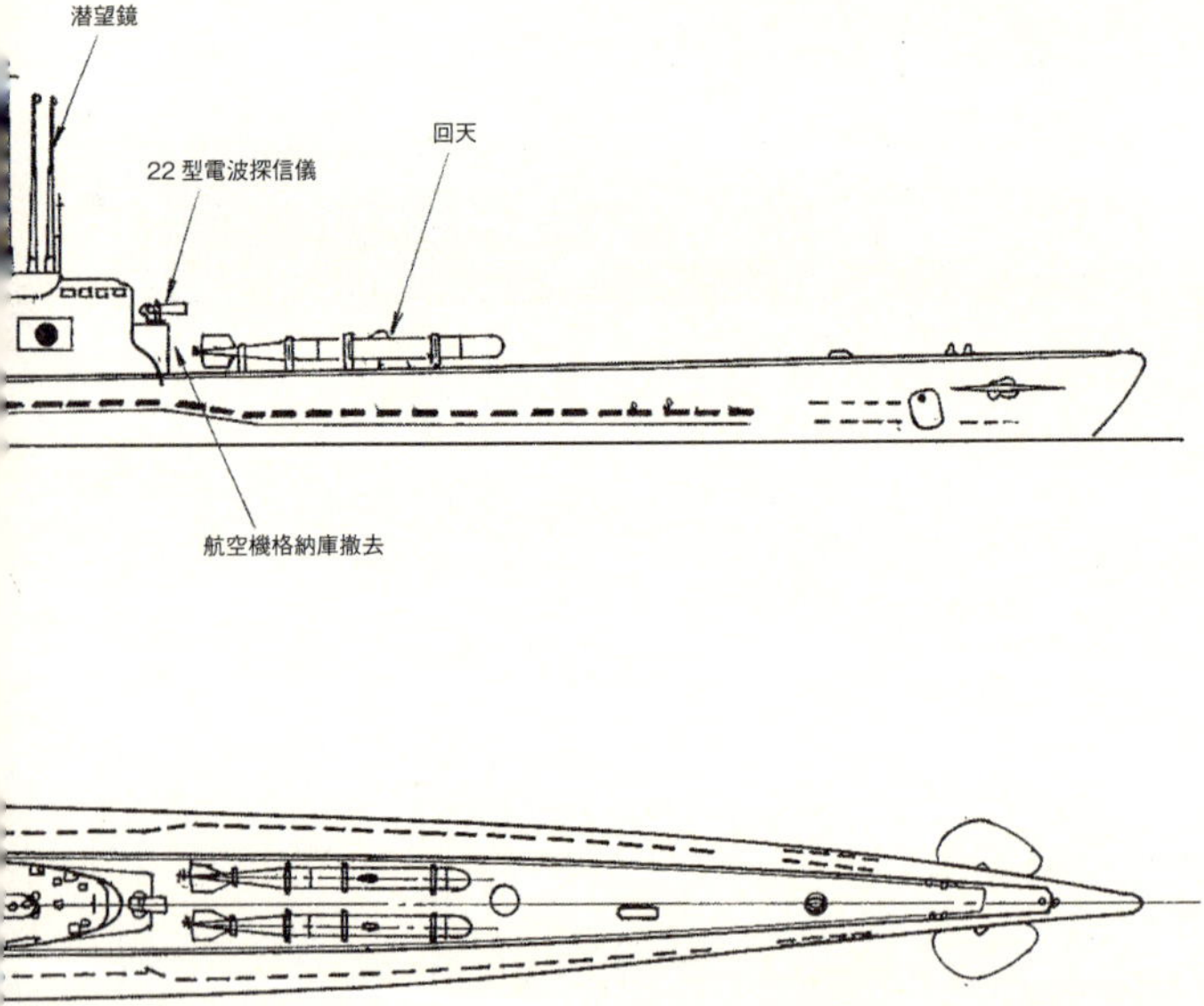
潜望鏡
22 型電波探信儀
回天
航空機格納庫撤去

第22図 「回天」の搭載方法例（伊58号潜水艦改造）

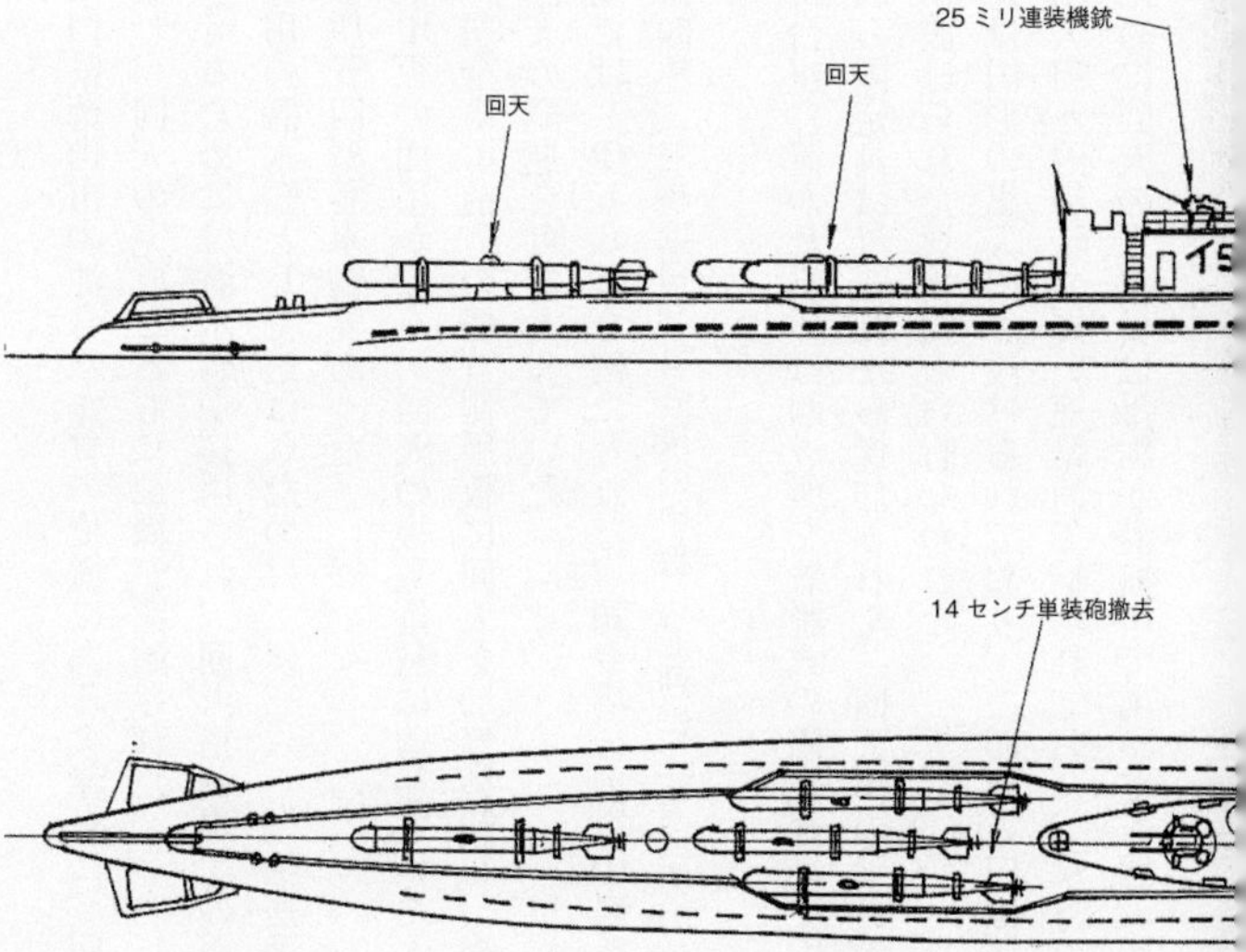

海軍は昭和十九年九月、山口県徳山市の沖合八キロの位置にある大津島に、回天の訓練と出撃のための専用基地を建設し、回天の完成とともに訓練が開始された。

一方、回天を輸送し発進させるためには潜水艦が採用され、回天搭載専用の潜水艦の改造も開始された。回天の搭載専用の潜水艦として選ばれたのは、伊三六一型輸送潜水艦と当時残存していた伊四〇型および伊五四型潜水艦であった。

これら三型式の潜水艦は上甲板の面積が広く、回天の複数搭載に適していたからである。伊三六一型潜水艦の場合は、司令塔の前方の艦首側甲板に回天を二隻搭載し、後甲板には回天三隻を搭載、合計五隻の回天の発進を可能としていた。

一方伊四〇型および五四型では、伊五八号を例にとれば、司令塔の前方の艦首甲板に二隻を並列に搭載し、後甲板には四隻（三隻は司令塔直後の甲板に並列に三隻、その後方に一隻搭載）となっていた。

回天は甲板上に設けられた台座に置かれ艇体は四ヵ所を着脱式の固定金具で固定されるようになっていた。そしてこれら固定具は母艦側から操作された。回天への乗員の乗り込みは潜航中または浮上中に特別に設けられた連絡筒から行なわれた。

回天の操縦席直下の底板には円形の出入口が設けられており、この出入口は母艦の甲板上に新たに設けられた円形の出入口と円筒状の短い連絡筒で結ばれており、双方の連絡口は水密構造になっていた。このために回天の乗組員は母艦が潜航中であっても回天への乗り込みは可能になっていた。
　そして回天に乗り込んだ乗員と艦内とのその後の連絡は電話で行なわれるようになっていたが、回天発射と同時に電話ケーブルは切断され、以後の回天の乗員は外界とは完全に途絶した中に置かれることになっていたのである。またさきに説明したように、回天の乗組員は目標に照準を合わせ舵を固定した後に床の出入口を開けて「水中に脱出すること」が可能になっていたが、現実問題として高速で水中を疾走する回天から水中に脱出することは完全に不可能であり、回天はまさに乗員の生還の望みの絶たれた特攻兵器であったことになるのである。

第23図　ウルシー環礁位置図

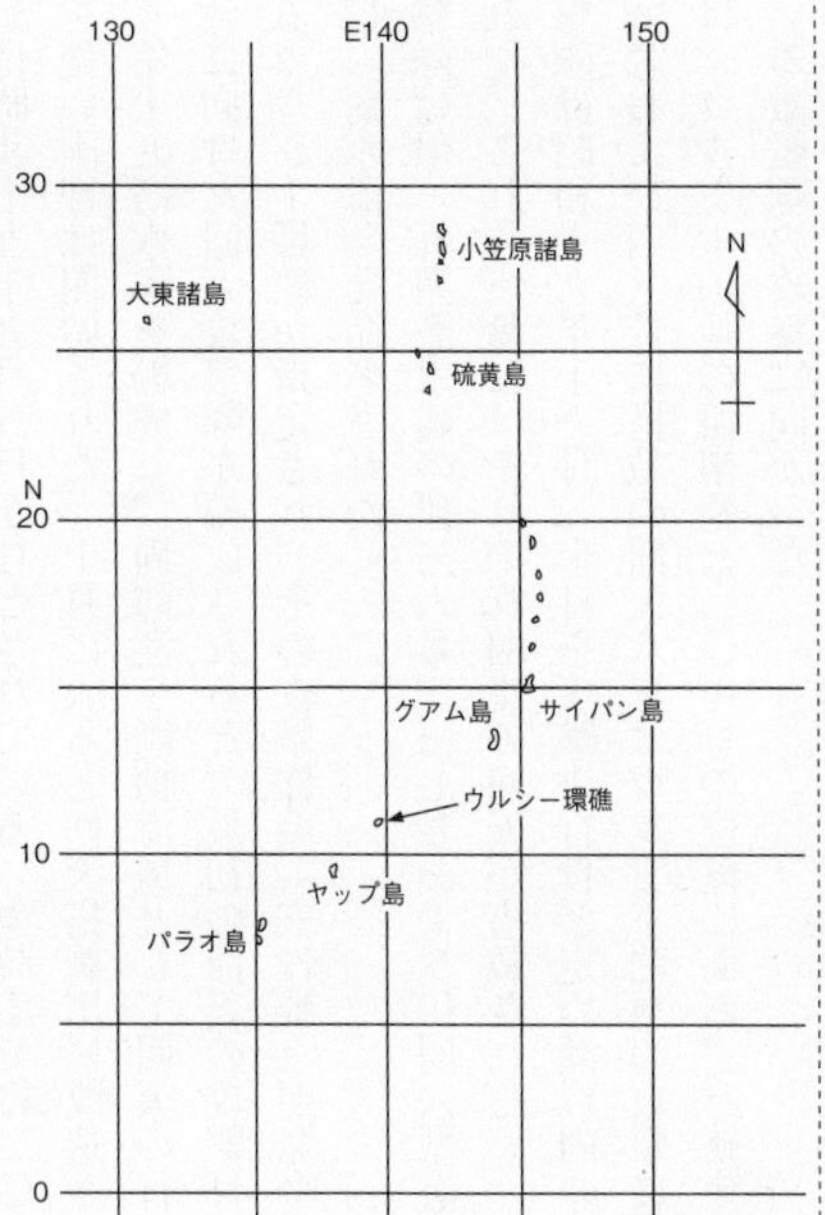

　回天の実戦への投入は早かった。訓練

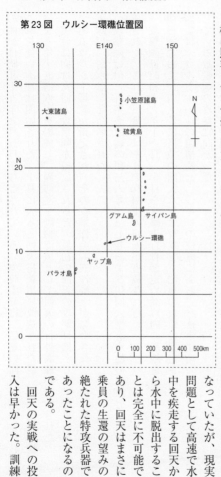

の開始は昭和十九年九月五日からとされている。当時すでに二〇隻の回天が完成しており、これを使い訓練は開始された。十月に入ると回天搭載用に改造された伊三六一型潜水艦三隻により第十五潜水隊を編成し、周防灘を訓練海域として回天の行動訓練が開始された。

実戦に向けた回天攻撃隊が編成されると、最初の回天の攻撃目標として米海軍の集結基地であるウルシー環礁が指定され、その攻撃作戦「玄作戦」が発令され、この作戦に向かう回天隊は「菊水隊」と命名された

攻撃隊は伊一五型潜水艦の伊三六号、三七号および伊四六型潜水艦の伊四七号の三隻で編成された。これら三隻にはそれぞれ四隻の回天が搭載された。

攻撃隊は昭和十九年十一月二十日を攻撃決行日と定め瀬戸内の基地を出撃した。このとき伊三六号および四七号に搭載の回天八隻はウルシー泊地の攻撃に指定され、伊三七号の回天四隻は、ウルシー泊地の西南約七〇〇キロの位置にある、パラオ諸島のコッソル水道に集結している敵艦隊の攻撃に向かった。

ウルシー泊地の攻撃は十一月二十日に決行が予定され、二隻の潜水艦からは八隻が発進する予定であった。しかし伊三六号に搭載の四隻中の三隻は艇体固定用の金具が作動せず、発進を中止した。そして残る五隻により攻撃は決行された。

しかし環礁に向かった五隻の中の二隻が環礁のサンゴ礁に座礁し行動不能となった。この二隻は自爆装置を作動させて自爆した。残る三隻の中の一隻は環礁に侵入する直前で警戒中

の駆逐艦に発見され、同艦の体当たりを受けて失われた。

残る二隻は環礁内への侵入に成功し、一隻は停泊中の大型給油艦ミシシネワ（シマロン級給油艦、基準排水量一万一三一五トン）に命中し、同艦は爆発した。同艦は艦艇の燃料用重油と空母艦載機用の航空燃料が満載状態であったためにたちまち大爆発を繰り返し、ついに沈没したのである。

残る一隻は停泊している軽巡洋艦モービルに向けて直進した。回天は潜望鏡を海面上に出し進んでいたために、モービル側はたちまちこれを発見し高角砲や高射機銃のすべてに俯角をかけ、正体不明のその潜水艦らしきものに対し激しい銃砲撃を加えた。その結果、その正体不明の潜水艦らしきものは姿を消した（行動不能となり着底した模様）。その直後、駆けつけた護衛駆逐艦ロールが付近海域を捜索して正体不明の物体を発見、これに対し爆雷攻撃を行ない一応の始末を終えている。

一方、パラオ水道に向かった伊三七潜

回天の攻撃によって火災を起こしたミシシネワ

水艦は攻撃直前に哨戒中の二隻の駆逐艦の爆雷とヘッジホッグの猛攻を受け撃沈され、回天による攻撃は潰えた。

回天による攻撃はウルシー泊地の襲撃を皮切りに以後終戦まで続けられた。この間に出撃した回天の総数は一四八隻とされている。

回天の攻撃に関しては様々に伝えられ、大きな戦果が得られたとも伝えられているが、実際はかなり厳しい結果となっている。

攻撃隊の多くは攻撃行動の途中で母艦の潜水艦が撃沈されている場合が多く、戦後の米軍側との戦果検証の結果でも、攻撃に確実に成功した事例はわずかに八隻だけであり、その内訳は次のとおりである。

撃沈　給油艦ミシシネワ　ウルシー環礁内
　　　駆逐艦アンダーヒル　沖縄海域
　　　兵員揚陸艇LCI600　フィリピン海域
大破　弾薬輸送艦マザマ　フィリピン海域
中・小破　駆逐艦ロウリー、R・V・ジョンソン他二隻
　　　フィリピン海域および沖縄海域

なお太平洋戦争で最後に撃沈（昭和二十年七月二十九日）されたアメリカ海軍の大型艦である重巡洋艦インディアナポリスは、回天搭載の伊五八号の雷撃により撃沈されているが、このとき回天は使われなかった。

第7章　ドイツ海軍の特殊潜水艦

ドイツ海軍は第二次大戦中に様々な形式の潜水艦を開発、建造したが、その中でも特異な潜水艦および小型潜水艦に区分される特殊潜航艇についてここで紹介する。

VIID型およびX型機雷敷設潜水艦

ドイツ海軍は第一次世界大戦当時から、機雷敷設の多くを専用の潜水艦で行なっていた。とくに第二次世界大戦で遠隔海域に敷設された機雷のほぼすべては機雷敷設潜水艦で行なわれた。

ドイツ海軍の潜水艦による機雷の敷設は、機雷敷設専用の潜水艦と機雷を搭載した通常型潜水艦の双方で行なわれた。

ドイツ海軍の機雷の研究開発は連合国側より進化しており、第二次大戦の勃発時点ではすでに実戦用の磁気感応式機雷を多用していた。その型式の多くは主に通常の係維式機雷に磁気感応機能を付加したもので、敷設は通常の係維式機雷と同じ方式で行なわれた。

この型式の機雷は厄介な存在で、通常の係維式機雷のように機雷に船体が直接接触しなくとも、至近距離を鋼製の船体が通過しただけで、船体が発生する磁気を探知し爆発する仕掛けになっている。

ドイツ海軍はこの機雷を有効に使った。第二次大戦初期にドイツ海軍は潜水艦と機雷敷設艦艇により、イギリス・アイルランド島間のアイリッシュ海やその出入口海域、イギリス本島沿岸部、アメリカ東部海岸海域、ジブラルタル海峡入口海域、インド洋の紅海入口海域など、イギリス艦船の交通量の多い海域にこれら機雷を大量に敷設し効果を挙げた。

Ⅶ型潜水艦は第二次大戦中にドイツ海軍の潜水艦として最も活躍した潜水艦で、合計七〇九隻が完成している。このⅦ型潜水艦の中で六隻が一九四一年以降に機雷敷設兼用潜水艦ⅦD型として建造された。

本艦の機雷敷設機構は後述する機雷敷設専用潜水艦X型と基本的にはほぼ同じ方式になっているが、機雷の搭載量はX型の六六個に対し機雷の型式によって多少するが、最小二九個、最大三九個と少ない。

Ⅶ型潜水艦は基準排水量（水上）七六一トン、全長六七・一メートル、全幅六・二メート

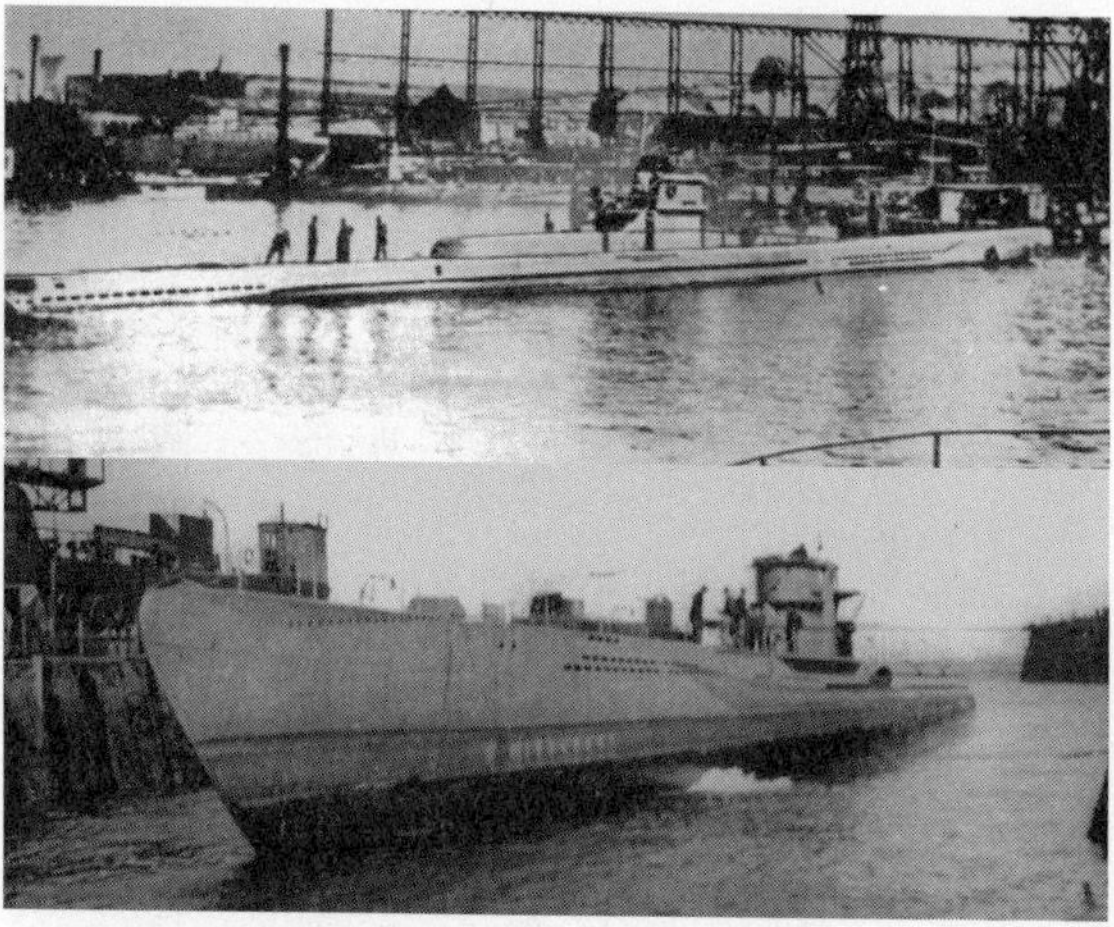

（上）Ⅶ型Ｕ213、（下）ⅩＢ型Ｕ220

ルと、規模は日本海軍の中型量産型潜水艦呂三五型に近似である。機雷敷設兼用潜水艦に改造されたⅦＤ型潜水艦は、Ⅶ型の船体の中央部分（司令塔の直後）を九・八メートル延長し、この部分の船体中央部に上甲板から艦底に突き抜ける貫通式の機雷格納筒兼発射筒五本が設けられている。

　この装置を設けたことにより船体幅が拡幅されたために、ⅦＤ型の基準排水量（水上）は九二〇トンに増加している。ドイツ海軍が第二次大戦中に使った機雷には二種類あり、一つは係維接触・磁気感応併用型のＴＭＡ型機雷、今一つはさらに高度な機能を持つ音響・磁気感応型のＴＭＢ型機雷である。ＴＭＡ型機雷は既存の形状と寸法の機雷であるのに対し、ＴＭＢ型機雷はよりコンパクトな形状の機雷で、潜水艦の魚雷発射管からの魚雷と同様に圧搾空気で発射・敷設が可能であった。
機雷敷設兼用のⅦD型潜水艦は通常のⅦ型と同じく雷撃行動が可能で、通常の通商破壊作戦を展開しながら、随時要所海域への機雷敷設を行なうことを任務とした。

X型潜水艦は世界的に見ても珍しい機雷敷設専用の潜水艦である。ドイツ海軍は第一次大戦において機雷敷設専用潜水艦U117型（基準排水量一五一二トン）を建造し、すでに実戦で運用して実績を挙げていた。

なおこのU117型の二隻は戦争終結後に戦利艦として日本に引き渡され、本艦がその後日本海軍の機雷敷設機能を持つ潜水艦伊二一型の原型となったことはすでに述べた。

ドイツ海運は第二次大戦勃発前の一九三〇年代中頃に、機雷敷設専用の潜水艦の建造計画を展開し、XB型潜水艦として一九三九年には建造を開始していた。そして一九四一年から一九四四年までに合計八隻のXB型を建造し実戦に投入した。

XB型の基本要目は次のとおりである。

基準排水量（水上）　一七六二トン
（水中）　二一七七トン
全長　八九・八メートル

全幅　九・二〇メートル
主機関（水上）　ディーゼル機関二基
（水中）　蓄電池駆動電動機二基
最大出力（水上）　二基合計四二〇〇馬力
（水中）　二基合計一一〇〇馬力
最高速力（水上）　一六・四ノット
（水中）　七・〇ノット
航続距離（水上）　一二ノットで一万四四〇〇カイリ（約二万六七〇〇キロ）
（水中）　四ノットで一八八カイリ（約三五〇キロ）
安全潜航深度　一五〇メートル
魚雷発射管　二門
魚雷　一五本
機雷発射筒　三〇基
機雷　六六個

本艦は機雷敷設が主任務であり魚雷攻撃は二次的な任務であった。これは船体の前部は機雷発射筒が一杯に配置されているために魚雷発射管の配置が不可能であったためで、このた

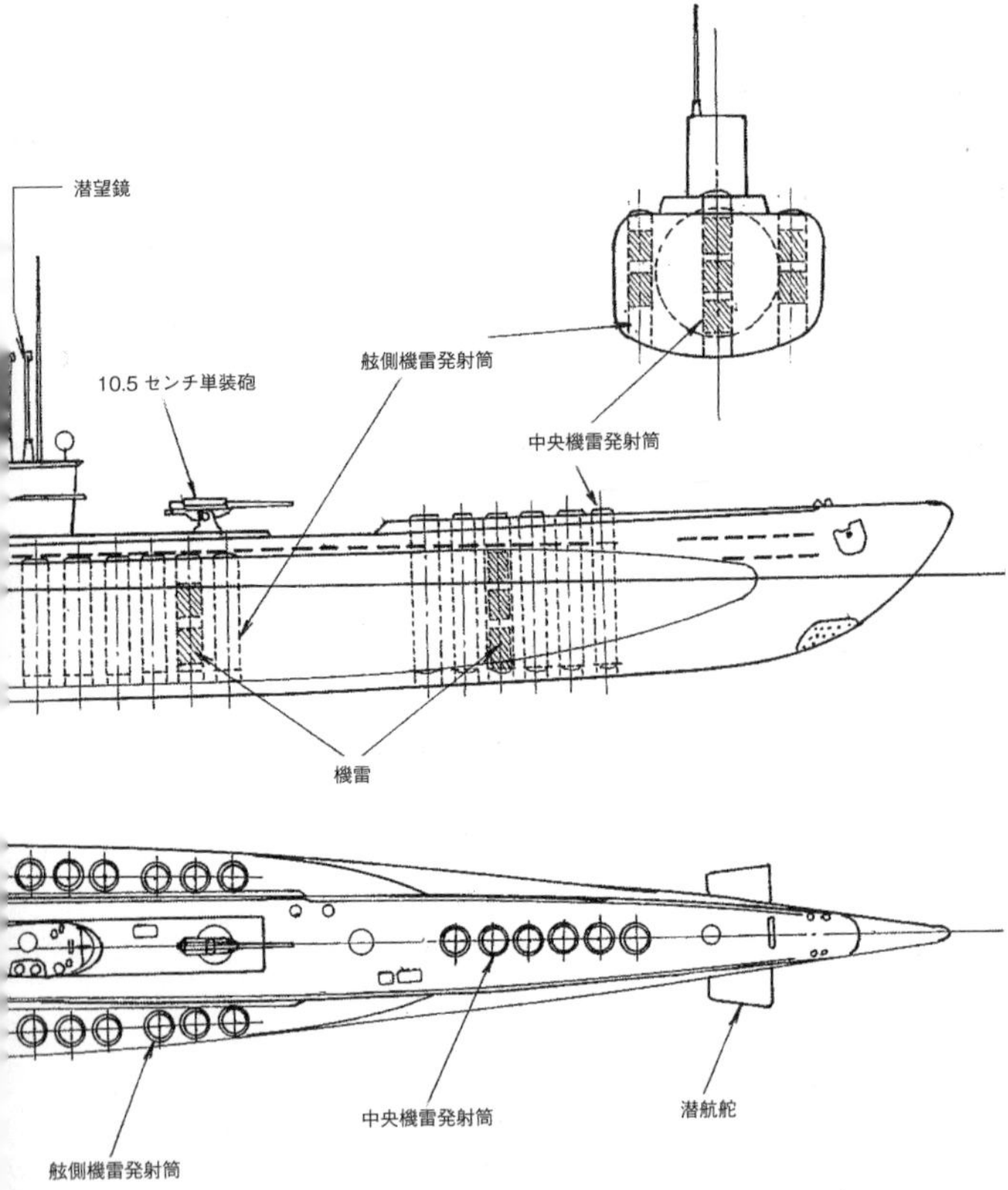
潜望鏡
舷側機雷発射筒
10.5 センチ単装砲
中央機雷発射筒
機雷
中央機雷発射筒
潜航舵
舷側機雷発射筒

第24図　ドイツ海軍X型機雷敷設潜水艦

基準排水量	(水中)	1762トン
	(水中)	2177トン
全　　長		89.8メートル
全　　幅		9.2メートル
主 機 関	(水上)	MAN製ディーゼル機関2基
		(合計最大出力4200馬力)
	(水中)	蓄電池駆動電動機2基
		(合計最大出力1100馬力)
最 高 速 力	(水上)	16.4ノット
	(水中)	7.0ノット
安全潜航深度		150メートル
機雷発射筒数		30基
搭載機雷数		66個

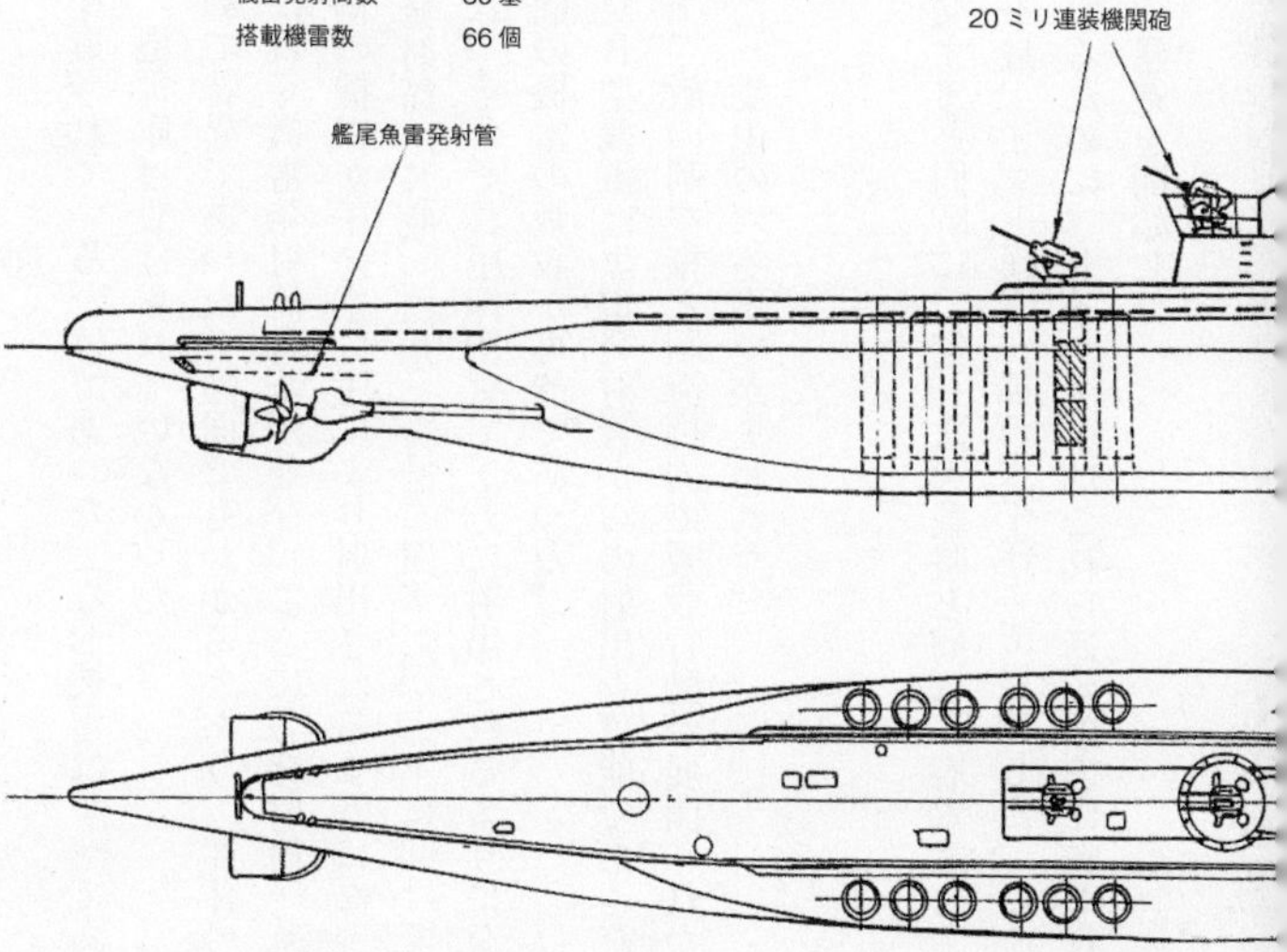

めに魚雷発射管は艦尾に二本が配置されているだけであった。なお機雷はすべてあらかじめ各機雷発射筒に装填されており、機雷庫は設けられていなかった。

本艦の機雷発射筒の配置は極めて特異であった。図面でもわかるとおり、船体の前部中心線上には船体を上甲板から艦底に貫く機雷発射筒六基が並び、ここに各発射筒一基あたり三個の機雷が収容され、合計一八個の機雷が圧搾空気圧により射出されるようになっていた。また船体の両舷にも同じく機雷発射筒が各舷一二基（合計二四基）が上下に向けて配置され、各発射筒には機雷二個が収容され、それぞれ圧搾空気で下方に射出されるようになっていた。これにより本潜水艦は合計六六個の機雷の敷設が可能であった。

なおドイツ海軍が常用したTMB型機雷は魚雷発射管からの射出も可能であった。なおXB型機雷敷設潜水艦はその任務上、敵の制空権と制海権内で敷設行動が展開されたために、犠牲になる艦が多く、建造された八隻中の六隻までが失われた。

XⅣ型補給潜水艦

ドイツ海軍は第二次大戦が勃発すると同時に、第一次大戦時と同様に潜水艦による通商破壊作戦を広範囲の海域（大西洋全域、インド洋、一部の太平洋）で展開した。この広範囲の長期にわたる潜水艦作戦を援護するために、ドイツ海軍はこれら通商破壊作戦で行動する潜水艦に対する補給専用の潜水艦の建造を開始した。

本艦は数隻分の潜水艦の燃料、糧秣、予備魚雷などを搭載するための大容量の燃料庫や船倉を備えていた。このために船体の形状は他の潜水艦には見られない、太く深さの大きな艦型であり、ドイツ海軍の潜水艦の中では最大級の排水量となっていた。

ドイツ海軍はこの特有の太った形状の本艦を称して「ミルヒクー（Milchkuh ＝乳牛）」と呼んでいた。本艦の吃水は標準型潜水艦であるⅦ型の倍以上に達し、九・三メートルに達していた。本艦の基本要目は次のとおりである。

基準排水量（水上）　一六八八トン
（水中）　一九三二トン
全長　六七・一メートル
全幅　六・五〇メートル
主機関（水上）　ゲルマニア・ヴェルフト製過給機付六気筒ディーゼル機関二基
（水中）　蓄電池駆動電動機二基
最大出力（水上）　合計出力三二〇〇馬力
（水中）　合計出力一五〇〇馬力
最高速力（水上）　一四・九ノット
（水中）　六・二ノット

航続距離（水上）　一二ノットで八一〇〇カイリ（約一万五〇〇〇キロ）
（水中）　四ノットで九八カイリ（約一八〇キロ）
安全潜航深度　一三〇メートル
兵装　三七ミリ単装機関砲二門
二〇ミリ四連装機関砲一基
補給能力　燃料用重油四二三トン（Ⅶ型であれば一二隻が一ヵ月間行動できる量）
エンジン用潤滑油三四トン
飲料水一〇・五トン
食糧四五トン

なおⅦ型潜水艦の燃料を満載するのに要する時間は一隻あたり数時間に達し、この時間は補給用潜水艦にとっても補給を受ける潜水艦にとっても極めて危険な時間帯であった。

一九四三年後半からは連合軍側はドイツ潜水艦の交信を克明に傍受するシステムが機能しはじめ、補給潜水艦との会合場所などは多くの場合事前に探知されており、とくに哨戒機やハンター・キラーチーム（護衛空母一隻と護衛駆逐艦三〜四隻で編成された、潜水艦の探索と攻撃を専門に展開する潜水艦狩りチーム）の行動半径内であれば、補給中に補給艦と潜水艦

XⅣ型潜水艦

が攻撃される機会が極めて多くなっていた。アメリカ海軍は一九四三年後半からはハンター・キラーチームを五〜八群も編成し、ドイツ潜水艦の攻撃行動の阻止に大きく貢献した。

このXⅣ型補給潜水艦は合計一〇隻が建造され、大西洋全域、インド洋全域で通商破壊作戦を展開する潜水艦に対する補給に使われたが、そのすべてが連合軍の攻撃で失われた。

XⅣ型潜水艦の喪失海域を次に示す。

ビスケー湾（フランスのロリアン潜水艦基地への帰投や出撃に際し、イギリス空軍の対潜哨戒機の攻撃を受ける）　四隻

大西洋全域（アメリカ海軍のハンター・キラーチームによる定点攻撃を受ける）　四隻

アイスランド島南方海域（イギリス空軍の対潜哨戒機の攻撃を受ける）　二隻

ここで余談ながらドイツ海軍の潜水艦乗組員の食糧事情について多少の説明を加えたい。ドイツの潜水艦による通商破壊作戦は極めて長期間にわたる出撃が基本になっていた。通常出撃期間は二〜三ヵ月にわたるが、ド

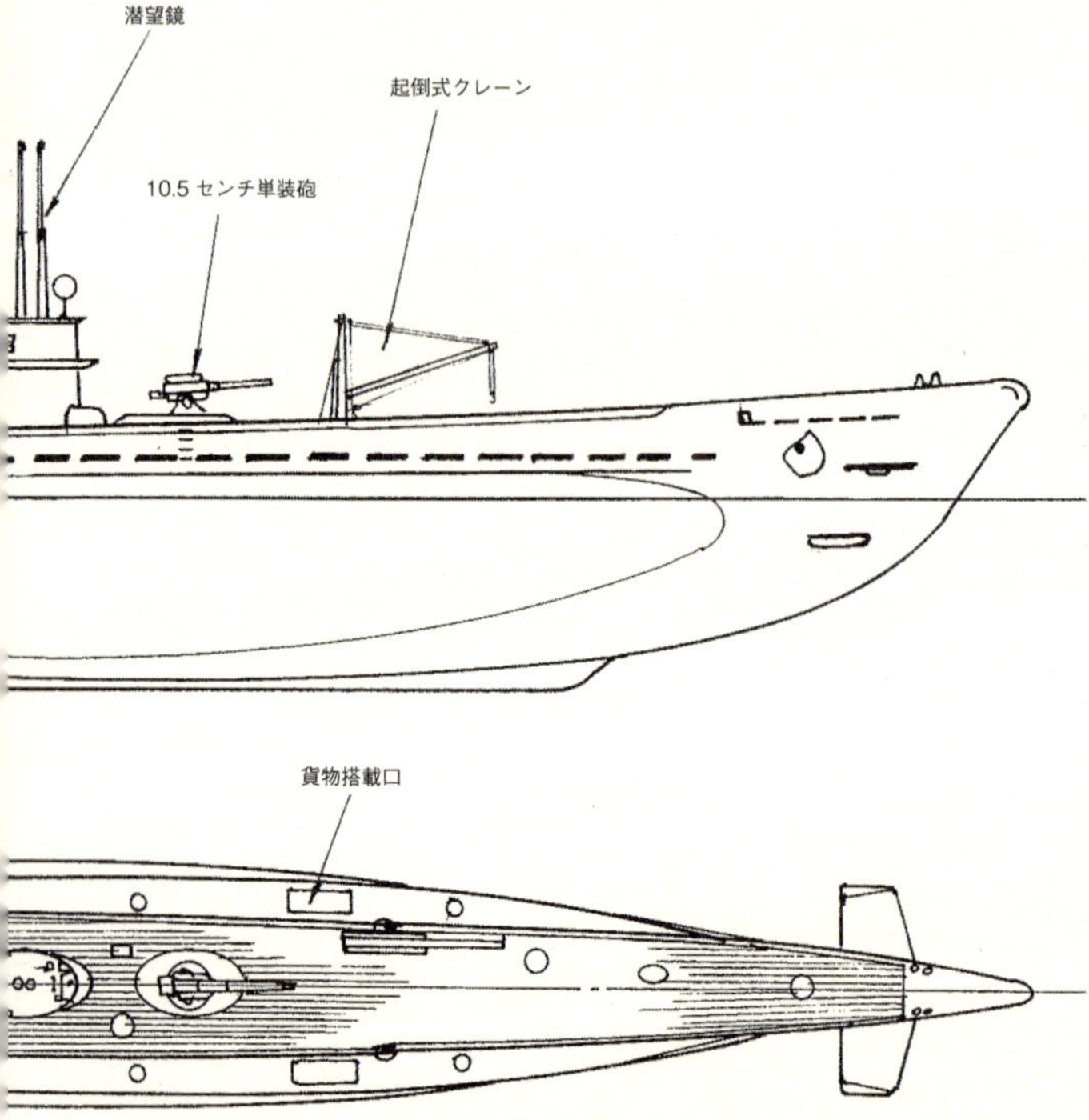
潜望鏡
起倒式クレーン
10.5 センチ単装砲
貨物搭載口

第25図　ドイツ海軍XⅣ型補給潜水艦

基準排水量	（水上）	1688トン	
	（水中）	1932トン	
全長		67.1メートル	
全幅		6.5メートル	
主機関	（水上）	GW製ディーゼル機関2基（合計最大出力3200馬力）	
	（水中）	蓄電池駆動電動機2基（合計最大出力1500馬力）	
最高速力	（水上）	14.9ノット	
	（水中）	6.2ノット	
安全潜航深度		130メートル	
補給能力		燃料用重油423トン、エンジン用潤滑油34トン、食料品45トン、清水10.5トン	

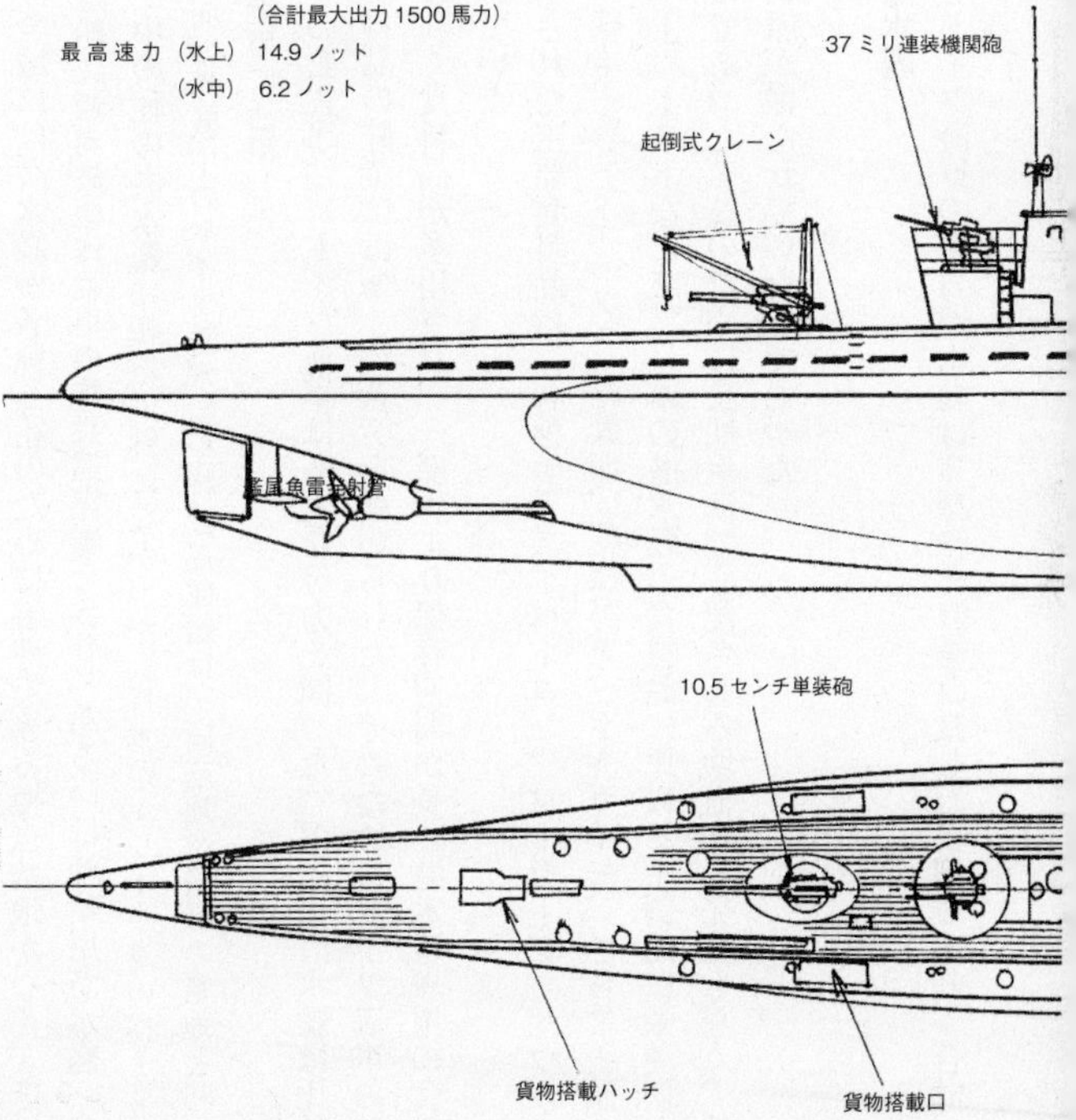

イツにはとくに大西洋全域には潜水艦が各種補給のために寄港できる拠点基地がなく、その間の補給は補給用輸送船（通商破壊作戦用の特設巡洋艦を含む）あるいは補給用潜水艦、状況によっては作戦途上中の他の潜水艦に頼る以外になかった（日本がマレー半島のペナンに進出後は、インド洋方面で作戦中のドイツ潜水艦や特設巡洋艦は、同基地を格好の基地として補給および乗組員の休養用に活用した）。

この長期作戦期間中の食糧事情にドイツ海軍は多大な努力を図った。ドイツ潜水艦は比較的小型であるために食料品の貯蔵には多くの苦労を強いられた。そのためにドイツ海軍の潜水艦では各種の保存の利く食料品が多用され、一部はより保存期間が長い潜水艦専用の食料品も開発され多用されていた。

ドイツ潜水艦で多用された主要食料品は、各種チーズ、ベーコン、ソーセージ、ザウワークラウト（塩と酢で漬け込まれたキャベツ）、乾燥卵、乾燥野菜、ジャガイモ、さらに缶詰の各種果物、肉類、レバーペーストなどで、日本の潜水艦の食料品に比較し圧倒的に栄養価が高く、保存が利くものであった。このために長期航海で心配される壊血病の発生もなく、乗組員は安定した健康状態が保たれていたのであった。

XXI型水中高速潜水艦

第二次大戦におけるドイツ海軍の主力潜水艦はⅦ型やそれを改良したⅨ型であり、合計一

ＸＸＩ型Ｕ３００１

〇〇〇隻近くが建造された。しかし一九四三年頃から連合軍側、とくにイギリスとアメリカ海軍の共同研究に基づく対潜水艦対策は、ソフト面とハード面で急速な発展を示し、ドイツ海軍の潜水艦活動を封じ込め出した。それと同時にドイツ潜水艦の喪失量は増えはじめ、同時にドイツ潜水艦の戦果は急速に減少した。

この状況に対しドイツ海軍は、それまでの潜水艦の性能を大きく凌駕し、とくに潜水深度や水中速力を大幅に向上させた潜水艦の開発を進め、早期の戦列化を急がせた。

ドイツ海軍はこの時点ではすでに長時間の潜航と水中高速航行が可能な特殊エンジン（ヴァルター機関）の開発を進めており、その機関を搭載した潜水艦の試作も進めていた。しかしこのヴァルター機関は実用化にはまだ多くの問題があり、完成には時間がかかることが予想されたために、水中航行には従来式の蓄電池により電動機を駆動する推進方法ではあるが、より進化した潜水艦の

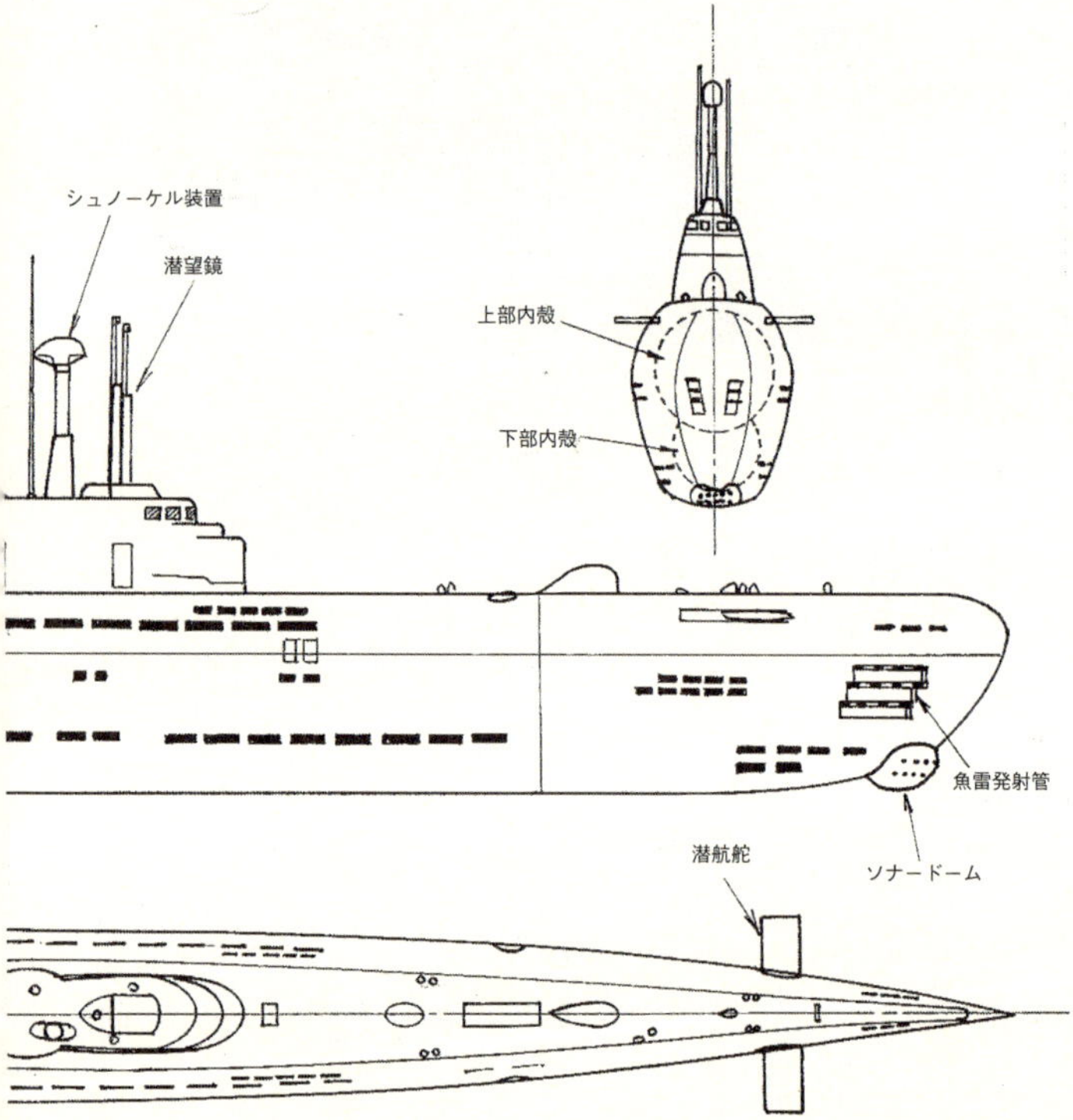

シュノーケル装置
潜望鏡
上部内殻
下部内殻
魚雷発射管
潜航舵
ソナードーム

第26図　ドイツ海軍XXⅠ型潜水艦

基準排水量	（水上）	1621トン
	（水中）	1819トン
全　　長		76.7メートル
全　　幅		6.6メートル
主機関	（水上）	ディーゼル機関2基（合計出力2200馬力）
	（水中）	蓄電池駆動電動機2基（合計出力2500馬力）
最高速力	（水上）	15.7ノット
	（水中）	17.5ノット
安全潜航深度		230メートル
魚雷発射管数		6門
搭載魚雷数		23本

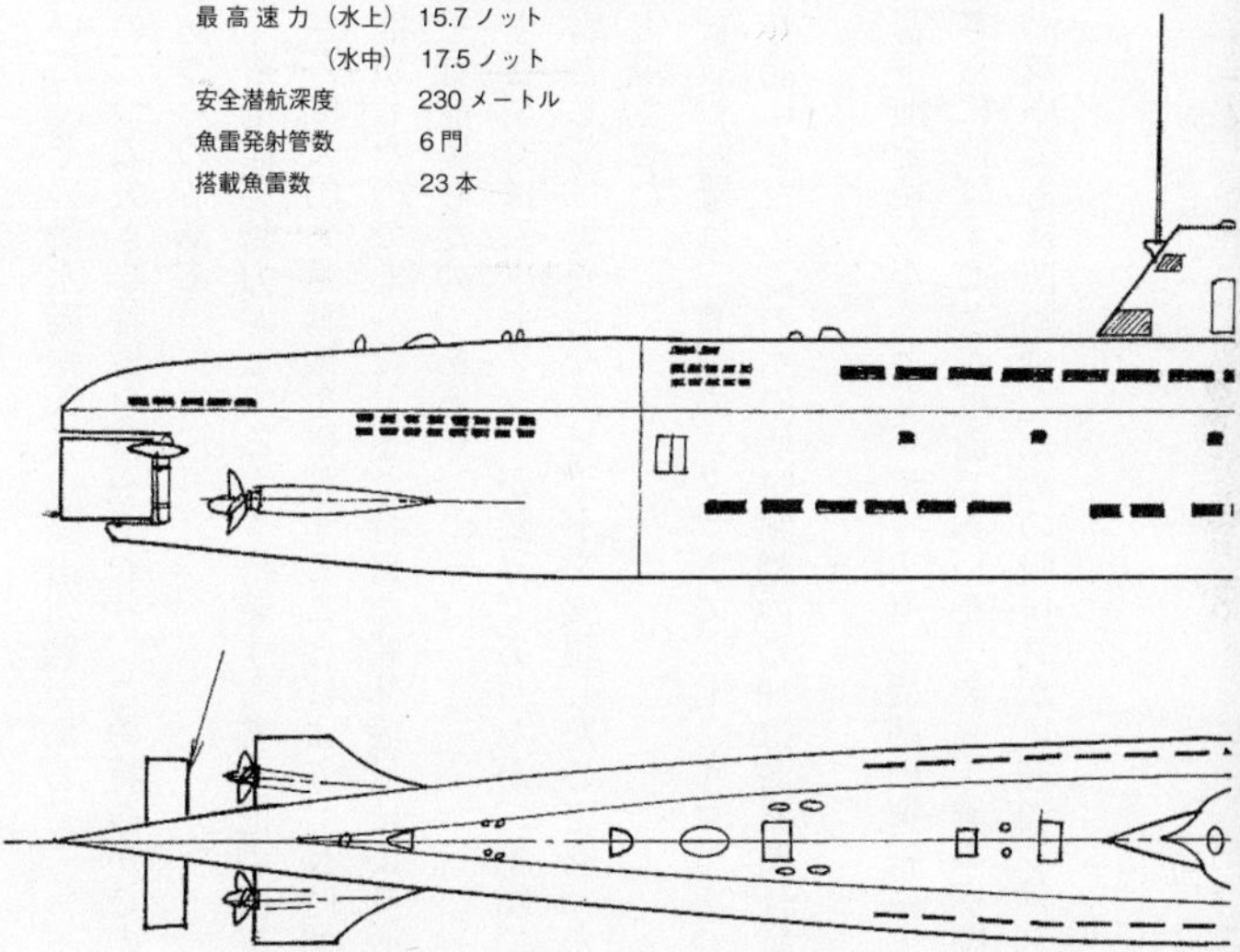

至急開発に踏み切り量産化を急いだ。その潜水艦がＸＸＩ型潜水艦である。

本艦は従来型潜水艦に比べ次の二つの大きな特徴を持っており、この特徴がこの時点でドイツ海軍が望んでいた機能でもあったのである。

本艦の水中航行は従来と同じく蓄電池を動力源とするが、搭載する蓄電池の蓄電機能を大幅に増しその搭載量を増やし、さらに大出力電動機を搭載することにより、長時間の水中航行と水中速力の格段の増加を可能にしたのであった。また特異な船体設計により潜水深度を従来型潜水艦の二倍にすることを可能にしたのである。

水中航行時の最高速力はⅦ型やⅨ型では六〜七ノットが限界であったが、本艦では一七・五ノットという蓄電池駆動潜水艦としては驚異的なスピードを実現したのであった。また潜水深度は実用二三〇メートルを実現させた。

なお蓄電池のみによる水中連続航行距離は、Ⅶ型の六ノットで二七〇キロであったが、本艦では六ノットで五三〇キロを可能にした。この水中航続距離の増加は潜水艦作戦では極めて重要な要素となるのである。

本艦は水中航行に際し動力に蓄電池を使わなくとも、ディーゼル機関の運転によっても行なえたために、水中航続距離はさらに伸ばすことが可能であった。ディーゼル機関を使った水中航行を可能にした理由は、潜航中でも機関駆動のための吸排気が可能なシュノーケル装置を実用化したためであった。

シュノーケル装置はドイツ潜水艦を語るときに欠かすことができない装置であるが、XXI型潜水艦には当初からシュノーケル装置が搭載された。

シュノーケル装置とは、潜水艦が潜航中であっても主機関のディーゼル機関への吸気、さらに機関からの排気の双方を同時に行なうことを可能にした装置で、ディーゼル機関での長時間の潜航航行を可能にした。またこの装置により艦内の吸排気も可能になり、潜航行動時の艦内の吸気環境の改善に大きな福音となった。

シュノーケル装置

このシュノーケル装置の原理はもともとはドイツで開発されたのではなく、オランダで開発されたものであった。一九四〇年五月のドイツのオランダ侵攻に際し、ドイツ海軍はオランダ潜水艦を鹵獲した。その中にシュノーケル装置の原型ともいえる装置を搭載した潜水艦があったのである。ドイツは直ちにこの装置をドイツに持ち帰り、この装置の価値を認め、さらなる改良を加えて完成させた装置がシュノーケル装置である。

ドイツ海軍はこのシュノーケル装置を一九四四年二月ころから、一部の既存の潜水艦に装備し実際に使用を始めたのだ。しかしこの頃は連合軍側のドイツ潜水艦に対する探知、攻撃手法は確固たるシステムとして完成されており、とくに作戦行動中の潜水艦にとっては必要不可欠である交信の機会は、そのまま連合軍側の緻密な交信逆探知の機会となり、個々の潜水艦の行動位置の特定につながるものとなり、シュノーケル装置を搭載して潜航行動中でも、効果的な作戦行動を行なうことが極めて困難な状況にあったのである。

シュノーケルは潜航中に吸気と排気を行なうために、先端に装備した筒状の装置を司令塔に取り付け、潜航時にはこの筒を伸ばし筒の先端が海面上に現われるようになっている。筒の先端に取り付けられた吸気・排気装置は潜航の瞬間に両口が瞬時に密閉されるようになっており、艦内や機関への海水の侵入は防ぐことができる。

機関や艦内への吸気の際は吸気筒に接続された吸気ファンを稼働されることにより行なわれ、排気に際してはディーゼル機関の排気圧力が高いために一定の潜航深度までは自動的な排気が可能で、艦内空気の排気も艦内空気を排気管に送り込むことにより自然に行なわれるのである。

本艦はその開発が急がれたために、船体は同時に試作が行なわれていた水中高速・長距離航行可能なヴァルター機関搭載潜水艦XⅧ型の船体をそのまま利用することになった。

本艦の形状は独特であった。円筒形の内殻の下部に半円形の内殻を継ぎ足したような、

第27図　シュノーケル装置構造図

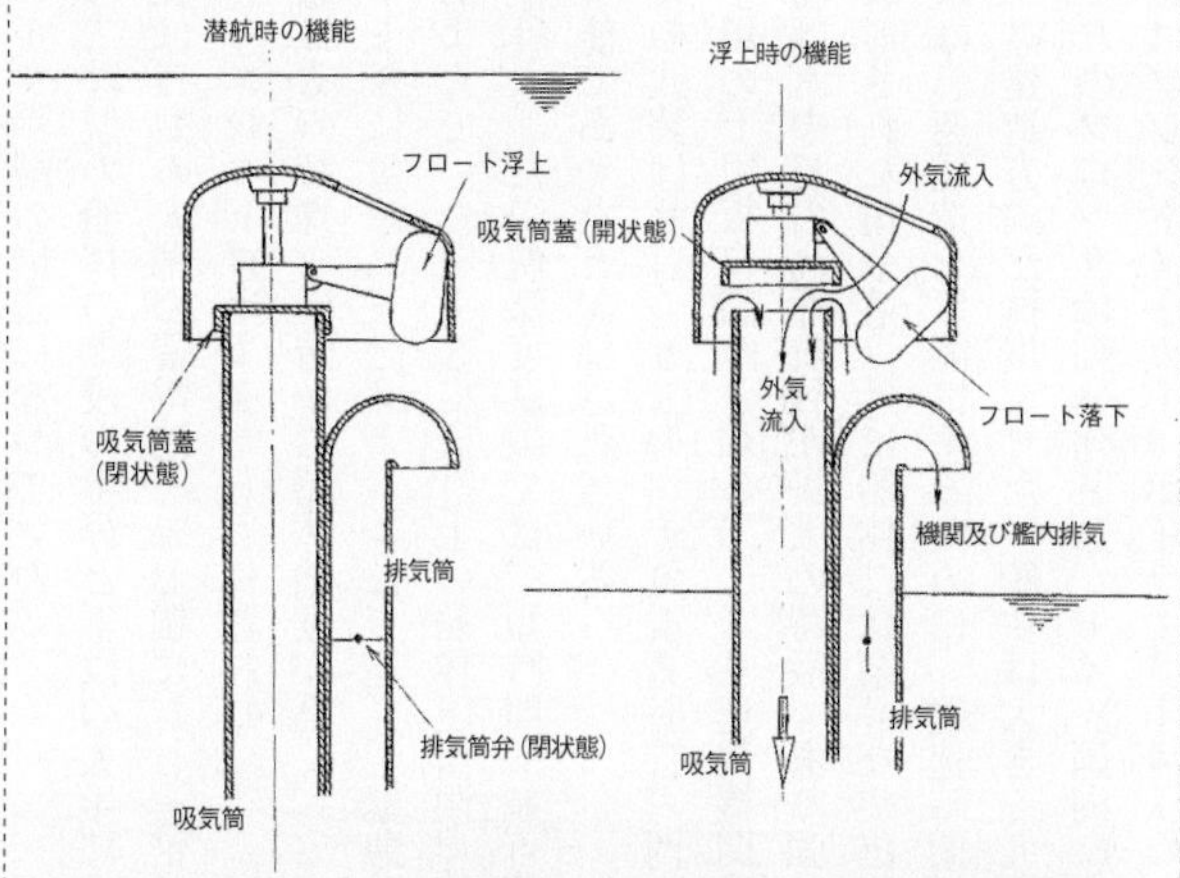

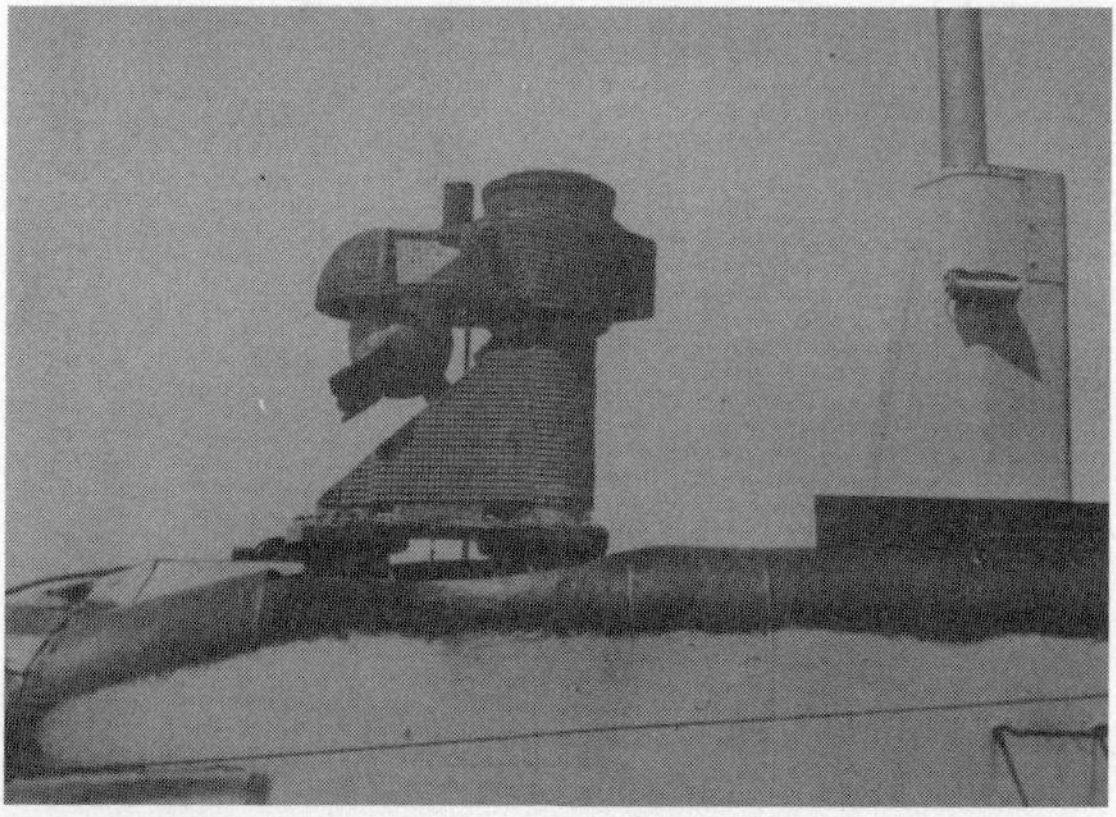

シュノーケル

「逆ダルマ」型の構造になっていた。

この二段型の船体の上段の半分と下段の大半には蓄電池が収容されている。搭載する蓄電池の数はⅦ型の大型の蓄電池一二七個に対し三倍の三七二個に達していた。このために本艦は別名「エレクトロボート」とも称された。

本艦はその特殊な構造から船体強度が高く、安全潜航深度は在来型潜水艦の一〇〇～一三〇メートルに対し二三〇メートルにも達し、緊急時の短時間潜航可能深度は二八〇メートルにもおよんでいた。そして設計上の船体圧潰限界深度は三四〇メートルであり、戦後の連合軍側が行なった潜航深度試験では、短時間潜航可能深度に達したときにはソナーによる探知が不可能であったと記録されている。

本艦の武装は艦首の五三センチ魚雷発射管六門のみで、魚雷搭載量は二三本、火器としては対空用の上甲板に隠蔽される二〇ミリ連装機関砲二基のみであった。

本艦は水中での高速航行が最大の特徴であり強みであったために、正面断面積が細く流線型に成形された司令塔以外に船体には余計な突出物は設けられていない。

本艦は急速建造を可能にするために、建造時間短縮のために電気溶接を多用した徹底したブロック建造方式が採用された。船体は大きく九ブロックに分けて建造されることになり、それぞれのブロックは細分化され、ドイツ国内に点在する多くの造船所や橋梁製造メーカー、あるいはプラントメーカー、ボイラーメーカーなどで分散製造し、これらを数ヵ所の造船所に陸送で運び込み、そこで電気溶接で一気に組み立てられた。そのために一隻あたりの建造時間はⅦ型の三〇〇日に対し半分の一五〇日間で船体を完成させた。

本艦はU2501型潜水艦と呼称され、戦争の終結までに一二七隻が完成していた。しかし主に大量に搭載された蓄電池や各種装置の不具合などから稼動艦は少なく、戦争終結までに実戦に投入された艦は数隻とされており、同艦が挙げた戦果も数隻の輸送船を撃沈したに止まったとされている。

XXI型潜水艦の基本要目は次のとおりである。

基準排水量（水上）　一六二一トン
（水中）　一八一九トン
全長　七六・七メートル
全幅　六・六メートル
主機関（水上）　ディーゼル機関二基
（水中）　蓄電池駆動電動機二基
最大出力（水上）　二基合計二〇〇〇馬力
（水中）　二基合計二五〇〇馬力
軸数　二軸推進

最高速力（水上）　一五・七ノット
　　　　（水中）　一七・五ノット
航続距離（水上）　一二ノットで一万一一五〇カイリ（約二万六五〇キロ）
　　　　（水中）　六ノットで二八六カイリ（約五三〇キロ）
安全潜航深度　二三〇メートル
緊急最大安全深度　二八〇メートル
武装　五三センチ魚雷発射管六門
　　　魚雷二三本
　　　二〇ミリ連装機関砲二基

XⅧ型水中高速潜水艦（ヴァルター機関潜水艦）

ドイツ海軍は第二次大戦勃発当時から水中高速潜水艦の開発を進めていた。その実現型の一つが大量の蓄電池を搭載したXXI型潜水艦であった。しかしこの潜水艦の水中航行の動力源は蓄電池であり発電能力には限界があり、能力回復のためには従来と同じく浮上航行による蓄電池に対する充電が不可欠であった。

ドイツ海軍はこの蓄電池に代わり、従来の常識を覆す斬新な機関を水中航行の動力とする潜水艦の開発を進めた。その動力とは「ヴァルター機関」であった。

ヴァルター（Walter）機関とは、ドイツのロケットおよびジェットエンジンの開発者でもあるヘルムート・ヴァルターの発明を原理として実現させた機関である。

この機関は、舶用タービン機関の運転に大気中の酸素を取り入れず、酸素含有材料を酸素供給源として燃料を燃焼させ、タービンを駆動させる方式の機関である。

このために本機関を搭載した潜水艦は、酸素供給材料がある限り水中航行が可能であり、水中での騒音発生も少なく、敵に発見される可能性の大きなシュノーケル装置を採用した潜水艦よりも、水中航行性能が格段に優れた性能を発揮することが可能になるのである。

ヴァルター機関のメカニズムを別図に示す。この機関は燃料（重油）の燃焼を、空気中の酸素ではなく高濃縮過酸化水素で発生する酸素を使い行なうもので、過酸化水素を燃焼室に送り込み燃料を燃焼させ、これに水を噴射して高圧蒸気を発生させてタービンを回転させようとするものである。

タービンを出た排気ガスは復水器を通りガスと水に分離され、排気ガス（大半が二酸化炭素）を艦外に排出する。排出された二酸化炭素は水に容易に溶けやすく、艦が水中を航行している痕跡を残すことはほとんどない（日本海軍の酸素魚雷の原理と同じ）。

ヴァルター機関装備の試験艦XⅦA型（U793）は一九四三年に試作され、各種試験が開始された。このとき本艦は水中で実に二五ノットという高速力を発揮し、ヴァルター機関の有能性を証明することになった。

ドイツ海軍はこの成績に満足し、直ちに追加試作艦二隻（U796および797）を建造することを決定、一九四三年十二月に起工された。しかしその後の工事は中断された。中断の理由は使用する過酸化水素が常に爆発の危険性を持ち、艦内での貯蔵には細心の注意が要求されること、また燃焼温度が二〇〇〇度を越えるために各装置の耐久性や艦内温度の高温化に対する対策など、未解決問題が山積し実用化にはまだかなりの時間を要すると判断されたためであった。

そして結局、ドイツ海軍はこの革命的な機関であるヴァルター機関装備の潜水艦の開発を断念したのであった。そしてその代替として急遽、開発されたのがXXI型潜水艦であったのである。

このヴァルター機関の設計図は日・独潜水艦連絡に際し日本にもたらされており、人間魚雷回天の動力として検討されたこともあったが結局、装置の複雑さから開発は中止されている。

ヴァルター機関装備XVIII型潜水艦の基本要目は次のとおりである。

基準排水量（水上）　一四八五トン
（水中）　一六五二トン
全長　七一・五メートル

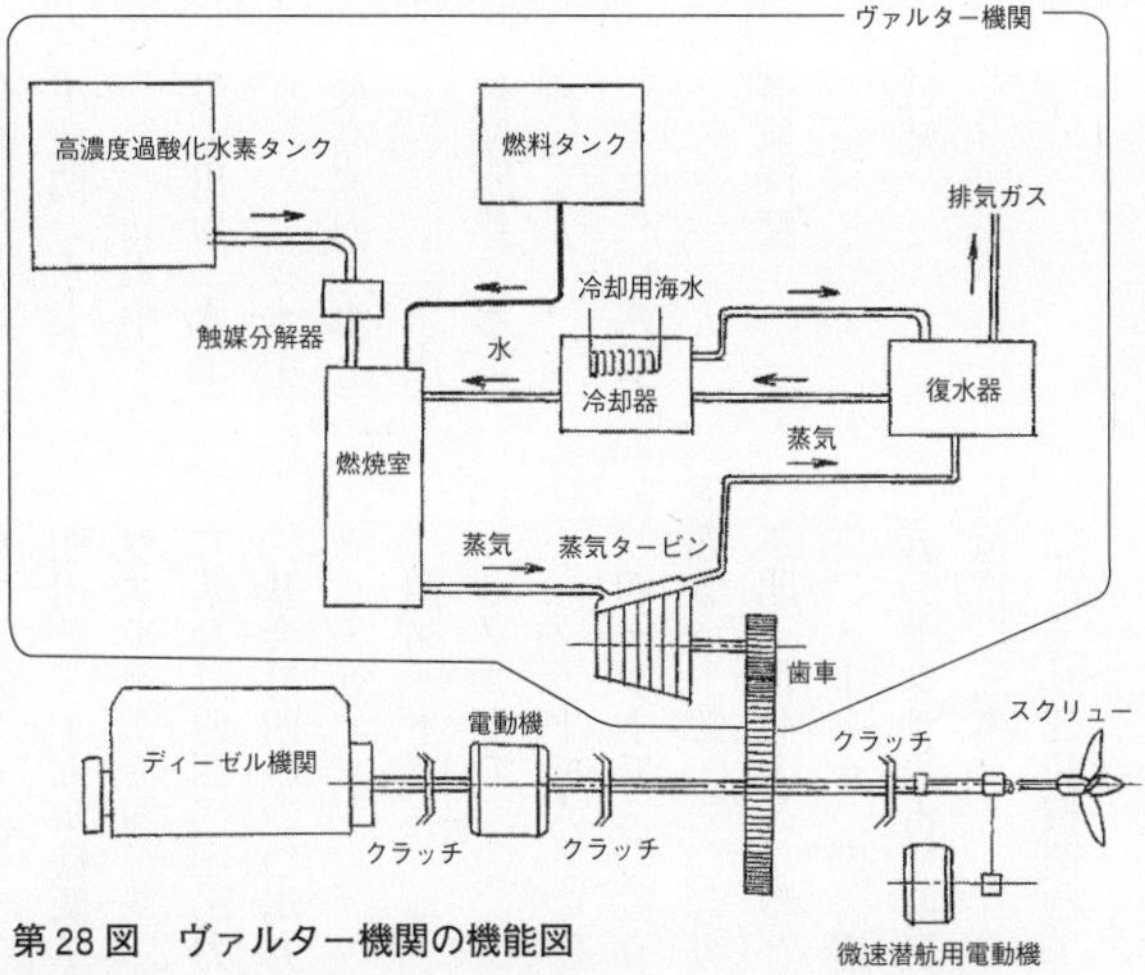

第28図　ヴァルター機関の機能図

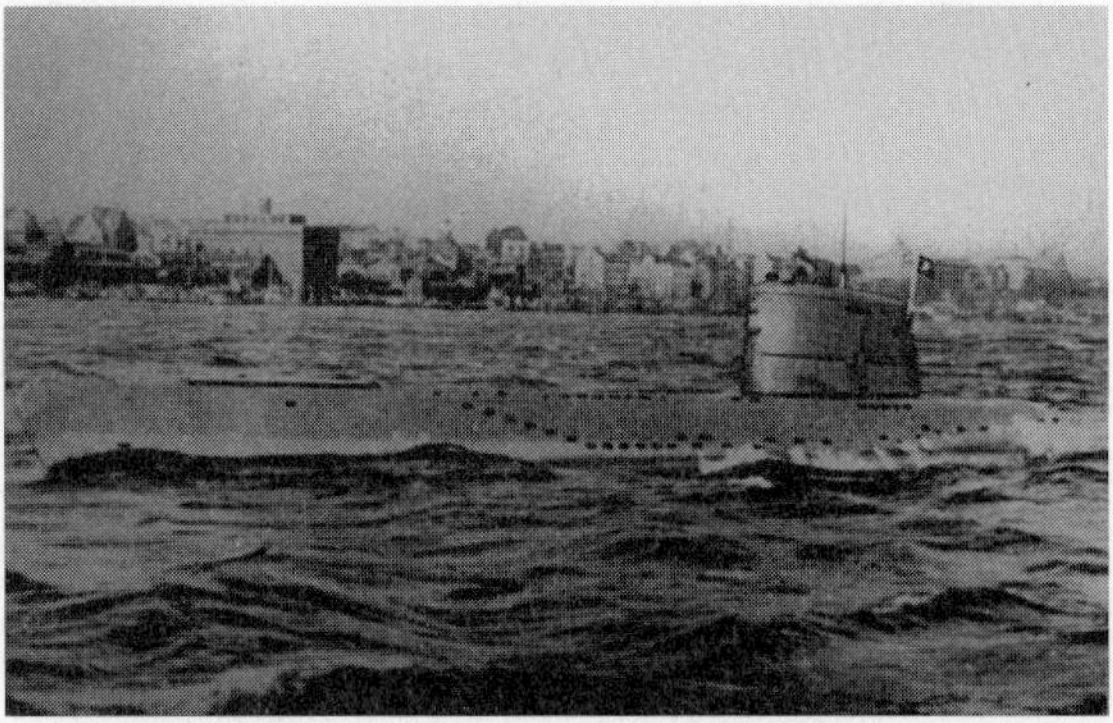

XVII A型U793

全幅	八・〇メートル
主機関（水上）	船用ディーゼル機関二基
（水中）	ヴァルター機関二基
最大出力（水上）	二基合計四四〇〇馬力
（水中）	二基合計四〇〇〇馬力
最高速力（水上）	一八・五ノット
（水中）	二四ノット
航続距離（水上）	一七ノットで三〇〇〇カイリ（約五五六〇キロ）
	一二ノットで六〇〇〇カイリ（約一万一一一〇キロ）
（水中）	二四ノットで二〇二カイリ（約三七四キロ）
	四ノットで二〇〇〇カイリ（約三七〇〇キロ）
潜航深度	不明（但しXXI型と同じ構造の船体であれば、安全潜航深度二三〇メートル。緊急潜航深度二八〇メートル）
武装	五三センチ魚雷発射管六門
	魚雷二三本
	二〇ミリ連装機関砲二基（隠顕式）

ヴァルター機関は第二次大戦後、イギリスとソ連で実用潜水艦を改造し同機関を搭載し試験が行なわれている。しかし機関の稼働に多くの問題が発生し、以後の開発が放棄された経緯がある。

小型エレクトロボートXXIII型潜水艦

本艦は水中高速潜水艦（エレクトロボート）XXI型の小型版といえる潜水艦である。水上基準排水量はわずかに二三四トンでXXI型の七分の一の規模で、沿岸防備用の水中高速潜水艦として開発したものである。

本艦の構造はまさにXXI型潜水艦の縮小型で、水中航続性能も水中最高速力は既存VII型やIX型潜水艦よりも勝っていた。ただ小型であるだけに攻撃能力に劣ることが欠点でもあり、また開発が遅かったために実戦への投入は極めて限定されていた。

本艦は一九四四年後半から建造が開始され、戦争終結時点までに六二隻が完成しただけであった。そのために実際に実戦に投入された艦は一〇隻のみとされている。

本艦の潜航時の最高速力は既存の実戦型潜水艦の二倍の速力が出せ、最高速力は一二・五ノットが記録されている。またシュノーケル装置を使った水中のディーゼル機関の航行でも最高速力一〇・五ノットを出すことが可能であった。

安全潜航深度は一〇〇メートルで、圧潰深度は一七〇メートルであった。本艦の操縦性は

ＸＸⅢ型潜水艦

極めて良好であったとされている。
本艦の基本要目は次のとおりである。

基準排水量（水上）　二三四トン
（水中）　二七五トン
全長　三四・七メートル
全幅　三・〇メートル
主機関（水上）　ディーゼル機関二基
（水中）　蓄電池駆動電動機二基
最大出力（水上）　二基合計五七五馬力
（水中）　二基合計五七二馬力
最高速力（水上）　九・七ノット
（水中）　一二・五ノット
航続距離（水上）　八ノットで二六〇〇カイリ（約四八〇〇キロ）
（水中）　四ノットで一九四カイリ（約三六〇キロ）

安全潜航深度　一〇〇メートル
武装　五三センチ魚雷発射管二基
　　　魚雷二本
乗組員　一三名

第8章　ドイツ海軍の特殊潜航艇

ドイツ海軍は局地戦で運用する多くの奇襲攻撃用の特殊潜航艇を開発した。これらの開発は一九四三年より開始され、戦争の終結時点までに合計九種類の特殊潜航艇が造りだされ、一部は実戦に投入された。次にその代表的な艇を紹介するが、これら特殊潜航艇は日本海軍の特殊潜航艇とは異なり、「乗員の生還を可能にする」ことが原則で、自己犠牲を強いるような攻撃を主軸とする日本海軍の特殊潜航艇とは、その開発思想が根本的に異なっていた。

特殊潜航艇ヘヒト（Hecht＝カワカマス）

ヘヒトはドイツ潜水艦の型式呼称ではＸＸⅦＡとされている。ドイツ海軍は一九四四年に二人乗りで二本の魚雷を「抱いた」タイプの小型特殊潜航艇の設計を開始した。

一九四三年九月二十二日、ドイツ海軍最大の戦艦ティルピッツ（基準排水量四万二九〇〇トン）は、泊地であるノルウェー北部のアルテンフィヨルドに在泊していた。同艦は潜水艦や雷撃による航空攻撃に備え二重の防潜網により守られていた。

しかしこの日の夜、イギリス海軍の小型のX型（X6およびX7艇）特殊潜航艇がこの二重の防潜網の突破に成功し、同艇に搭乗する各二名の乗員により、この戦艦の艦底に爆薬が仕掛けられたのであった。

爆薬はみごとに爆発し、この衝撃でティルピッツの主機関と発電装置および二基の主砲塔は大きなダメージを受けた。この損傷の修理のためにティルピッツは以後修理に六ヵ月を要した。そして損傷の復旧は完全ではなく、同艦は限定された作戦行動にしか投入できない状態となった。

ドイツ海軍は攻撃後自沈した二隻のX型特殊潜航艇を引き揚げ、詳細な調査を実施した（同艇の四名の乗員はドイツ軍の捕虜となる）。その結果、ドイツ海軍はこのX型特殊潜航艇にヒントを得て、一本の魚雷を抱いた二人乗りの小型特殊潜航艇の設計と試作を開始した。ドイツ海軍は当初はイギリス海軍と同様に爆薬を携行する二人乗りの特殊潜航艇の開発を行なう予定であった。しかしより機動性に優れた魚雷攻撃型の特殊潜航艇として開発することにしたのである。

試作された本艇は全長一〇・五メートルの円筒状で、行動範囲も極めて限定された海域でのゲリラ攻撃作戦を想定していたために、駆動装置は魚雷の推進装置をそのまま転用し、蓄電池駆動の小型電動モーターで行なわれた。ただ行動範囲は魚雷の射程よりも長くするために、円筒状の船体の中に魚雷用の蓄電池を大量に収容し行動半径を延伸した。

本艇は水中での高速力はさほど必要とするものでもないために、浮上時の最高速力は七ノット、水中での行動速力は四ノットとされ、航続距離は三ノットの水中行動で一二八キロが可能であった。

乗員は二名で船体中央部のやや後方に搭乗員席が設けられ、前席に機関士、後席に指揮官が位置し、指揮官席の頭上は厚いアクリル製の小型のドームで覆われ、水上航行の際の視界を確保し、潜航時には潜望鏡により視界を確保した。そして推進は魚雷と同じく船体の後端に装備されたスクリューにより行なわれた。

武装は船体の下部に抱かれた魚雷（ドイツ海軍潜水艦用の標準五三センチＧ７ｅ魚雷＝重量一・六トン、炸薬量二八〇キロ）一本だけである。この魚雷の発射は指揮官の操作により行なわれ、魚雷発射後は基地に帰投するようになっていた。

ヘヒトは小型に過ぎ、また試作の要素が強くて建造数も五三隻に過ぎず、これらはすべて次に登用するヘヒトの拡大型であるゼーフントの搭乗員の訓練艇として使われた。

ヘヒトの基本要目は次のとおりである。

基準排水量（水中）　一一・八トン

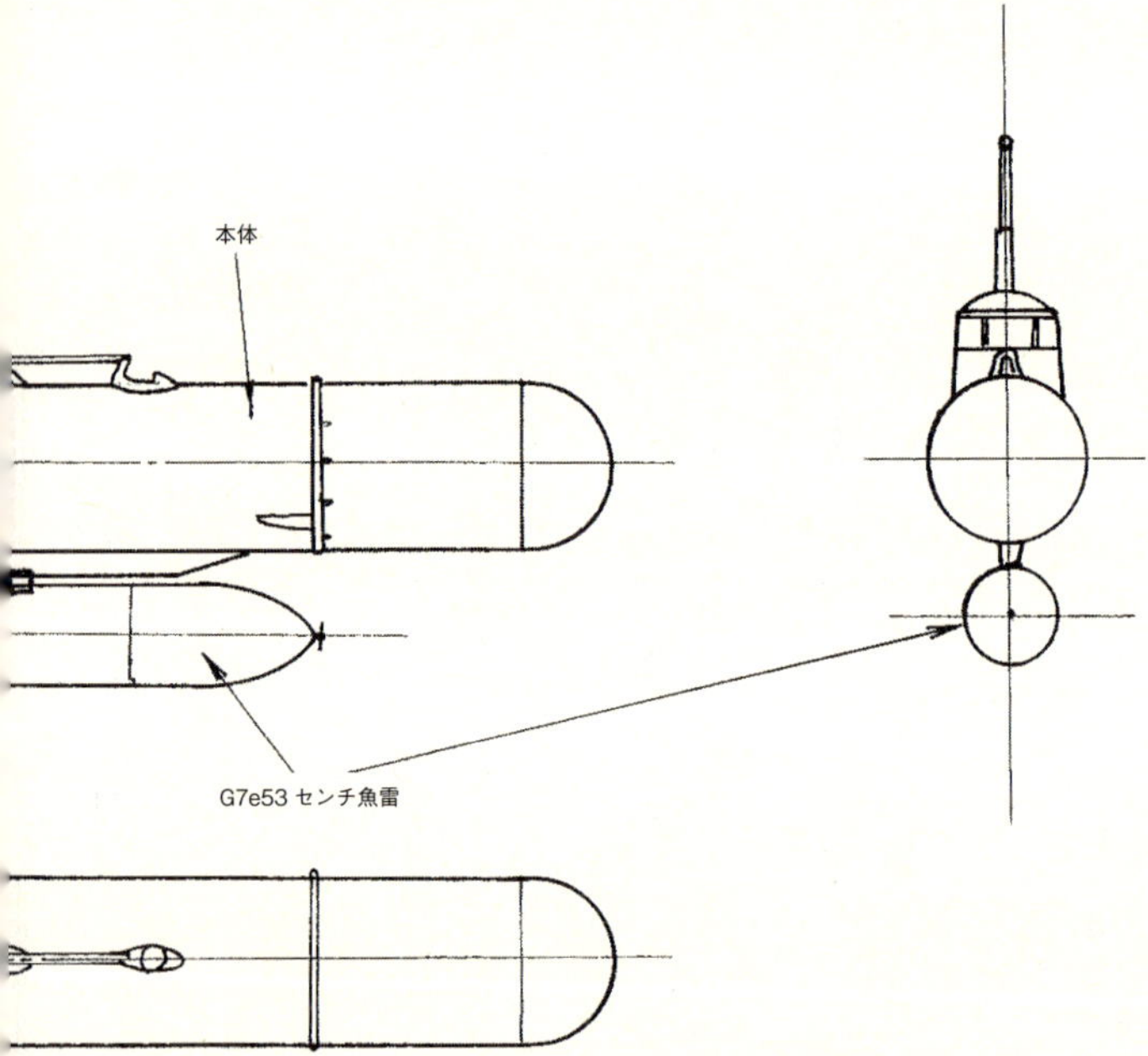
本体
G7e53 センチ魚雷

第29図　特殊潜航艇ヘヒト

排 水 量（水上）　11.8トン
全　　　長　　　　10.5メートル
全　　　幅　　　　1.7メートル
主 機 関（水上・水中）　蓄電池駆動電動機
最高速力（水上）　5.6ノット
　　　　（水中）　6.0ノット
航 続 力（水中）　6ノットで64キロメートル

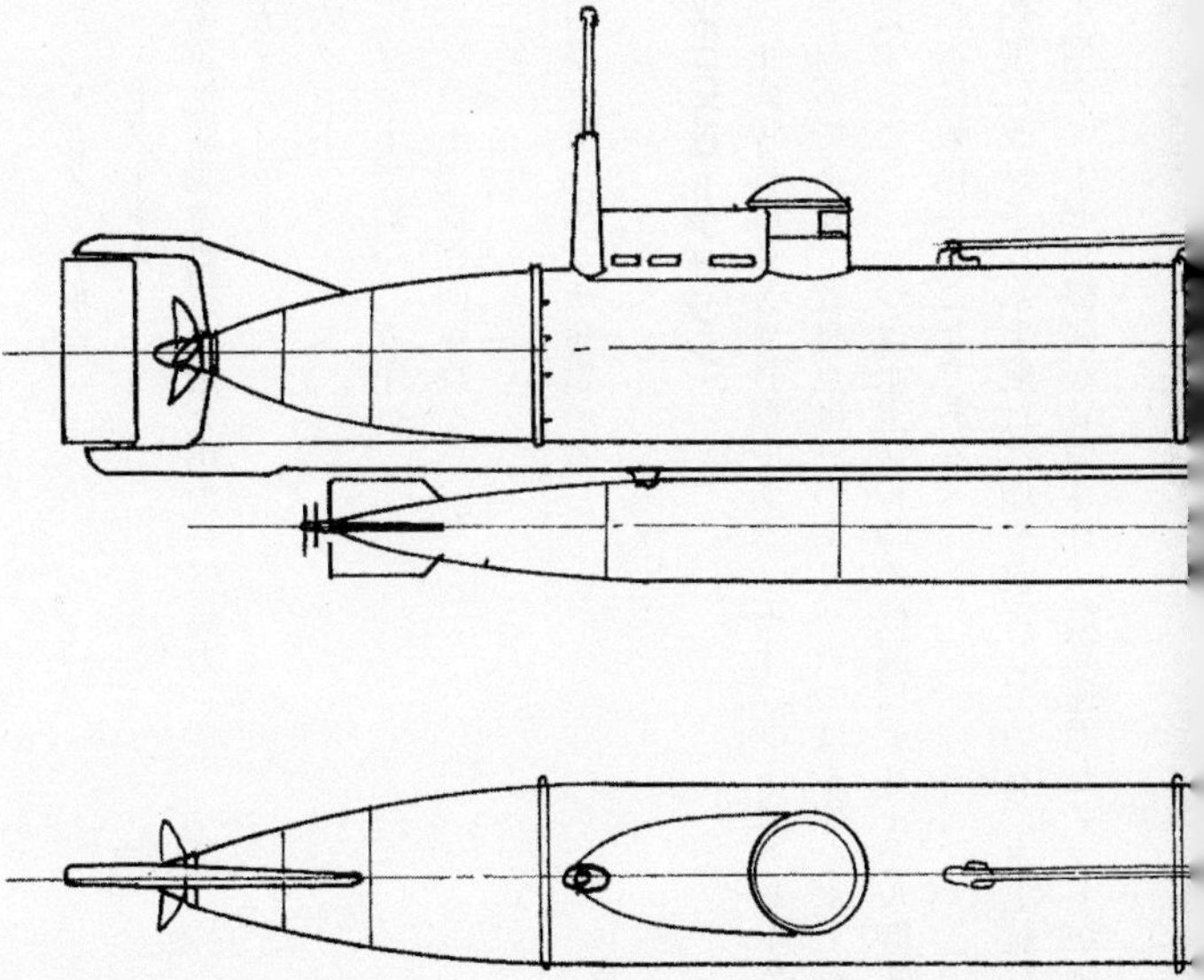

全長　一〇・五メートル
全幅　一・七メートル
主機関（水上・水中）　蓄電池駆動電動機（最大出力一三馬力）
最高速力（水上）　五・六ノット
（水中）　六ノット
航続距離（水上）　三ノットで約一二五キロ
（水中）　六ノットで約六四キロ
乗員　二名
武装　G7e五三センチ魚雷一本

特殊潜航艇ゼーフント（Seehund＝アザラシ）

ゼーフントのドイツ潜水艦の正式呼称はXXⅦB型である。ゼーフントはヘヒトの実用試験の結果から改良された特殊潜航艇である。改良点は三つあり、一つは本体を水上航行に適した凌波性に優れた形状に改良すること。一つは水上航行時の機関にディーゼル機関を採用したこと。一つは搭載魚雷を二本に強化したことである。

船体はヘヒトの円柱状から船型に改良され水上航行性能を改善している。水上航行時の主機関には最大出力六〇馬力の小型ディーゼル機関が装備され、最高速力七ノットが確保され

ゼーフント

た。また船体が大型化したことに対する水中航行時の速力向上のために、電動機は二五馬力に強化された。これにより潜航時の最高速力六ノットが確保された。推進は一軸推進である。

また武装はヘヒトと同じ五三センチG7e魚雷が二本に強化されているが、魚雷は艇底の両側下面に抱かれるように装備された。

ゼーフントの安全潜航深度は四五メートルで、乗員は船体中央部の船内に収まり、潜航中の視界は最大一一メートルまで伸ばせる潜望鏡により確保された。

ゼーフントは戦争末期の一九四五年二月から実戦に投入された。本艇は非占領地域のドイツ沿岸から主にイギリス海峡方面に出撃し、連合軍の輸送船の攻撃に向けられた。そして本艇は実戦投入直後に、早くもイギリス海軍の特設駆潜艇（トロール漁船改装）一隻を撃沈している。

その後、戦争終結までに一四二回の出撃を行ない、輸送船八隻（合計一万七三〇一総トン）を撃沈、一〇隻程度の大中破の戦果を挙げた。

連合軍側の記録によると、ゼーフントは小型かつ低速であるため

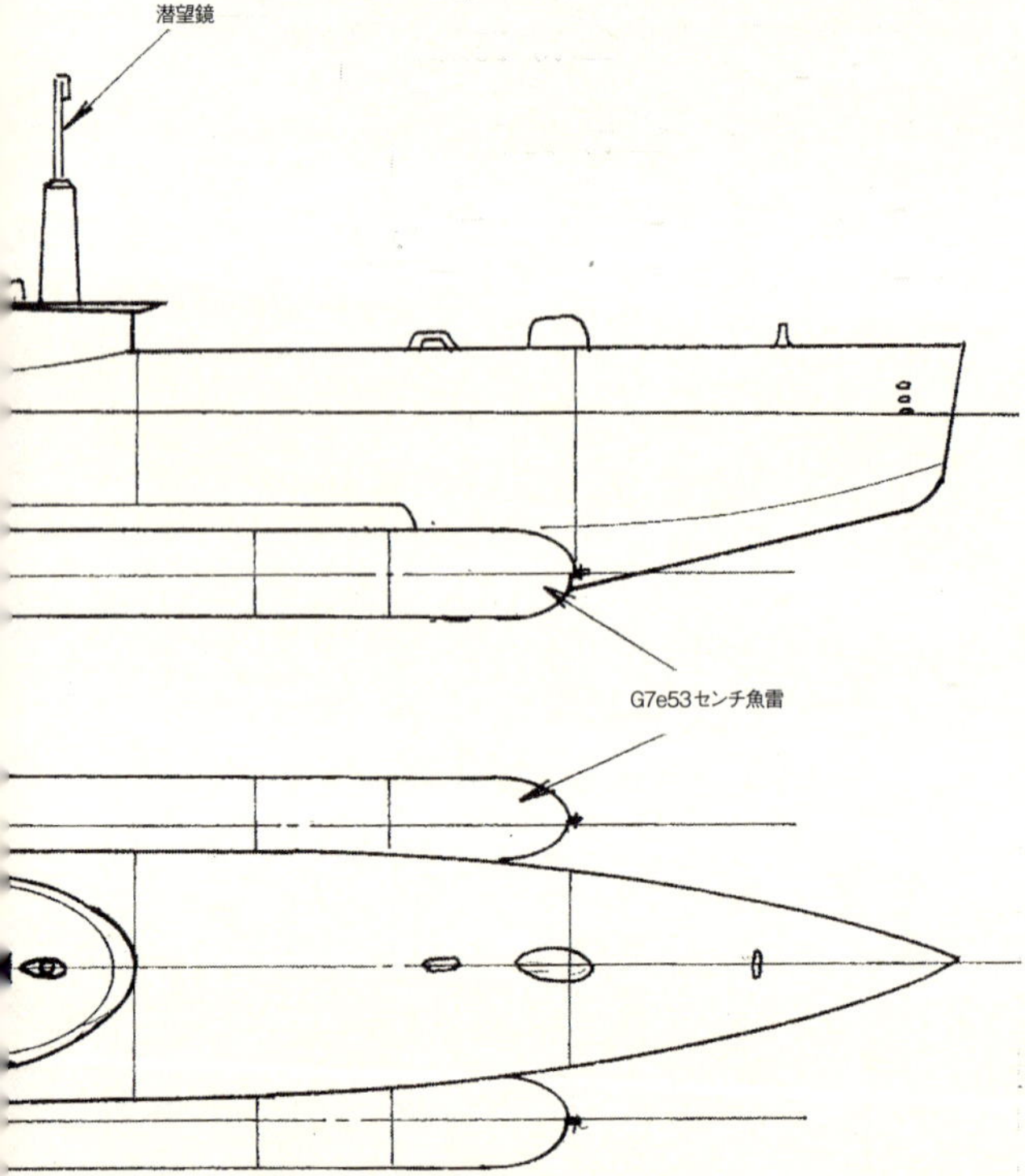
潜望鏡
G7e53センチ魚雷

第30図　特殊潜航艇ゼーフント

排水量	（水上）	14.9 トン
全長		12.0 メートル
全幅		1.7 メートル
主機関	（水上）	ディーゼル機関
	（水中）	蓄電池駆動電動機
最高速力	（水上）	7.7 ノット
	（水中）	6.0 ノット
航続力	（水中）	3 ノットで 38 キロメートル

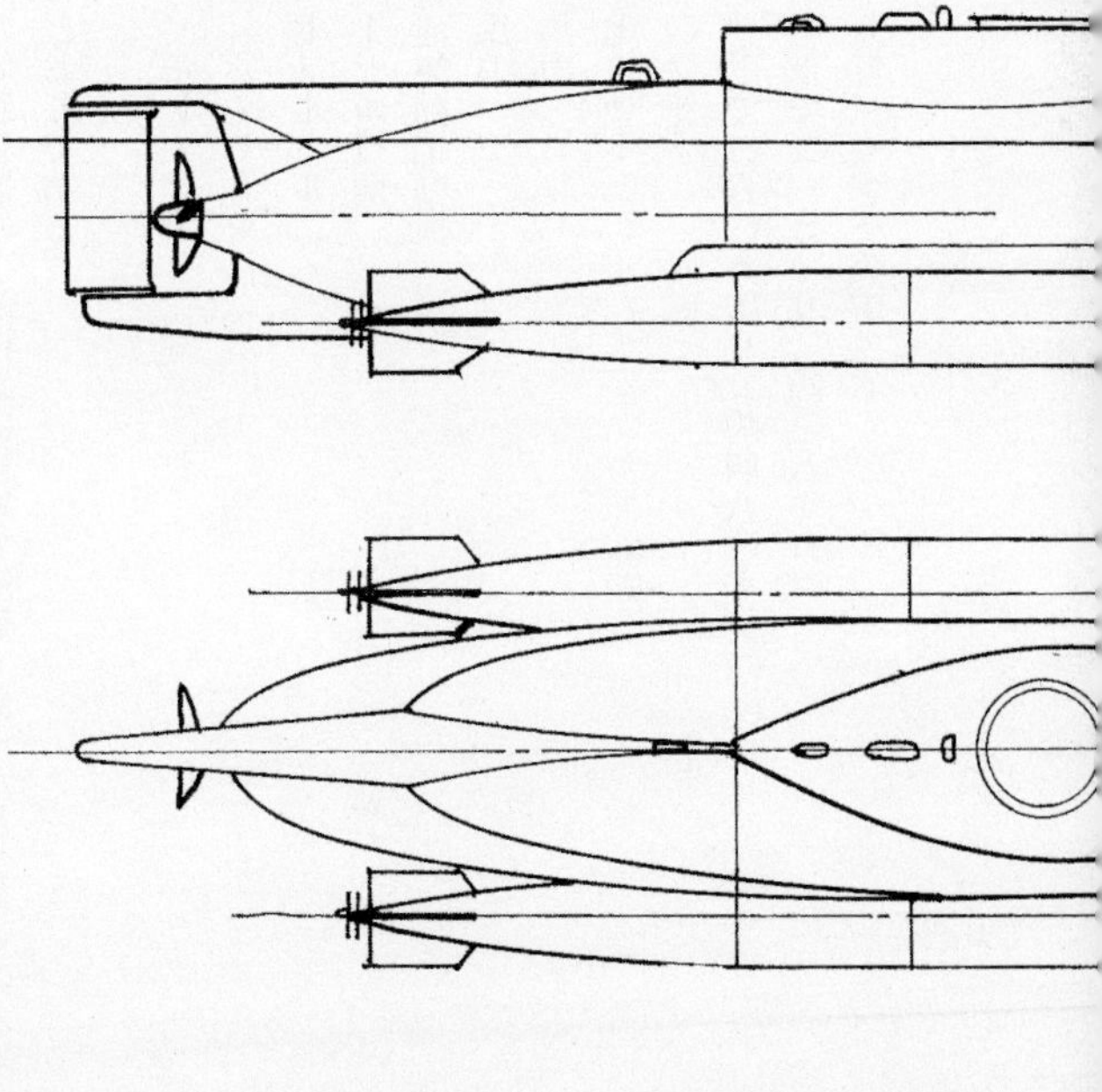

に、機関の発する騒音が少なく水中聴音器による探知は極めて困難であったとされている。
ゼーフントの基本要目は次のとおりである。

基準排水量（水中）　一四・九トン
全長　一二・〇メートル
全幅　一・七メートル
主機関（水上）　ディーゼル機関
（水中）　蓄電池駆動電動機
最大出力（水上）　六〇馬力
（水中）　二五馬力
最高速力（水上）　七・七ノット
（水中）　六・〇ノット
航続距離（水上）　六ノットで二六〇カイリ（約四八〇キロ）
（水中）　三ノットで二一カイリ（約三八キロ）
武装　G7e五三センチ魚雷二本
乗員　二名

ビーバー

特殊潜航艇ビーバー（Biber ＝海狸）

特殊潜航艇ビーバーは戦争後期の一九四四年二月にドイツ海軍が開発を開始したミニ特殊潜航艇である。全長九メートル弱、水中基準排水量五・七トンのこの小型特殊潜航艇の外観は、既存のⅦ型潜水艦に似たスタイルをしているが、武装は艇体の両側下面に装備した五三センチ魚雷二本だけである。

攻撃に際しては司令塔の一部を海面上に露出し、前面の厚いアクリル製の窓から視界を確保しながら目標に向かって進む。魚雷発射後は潜航しながら退去するという戦法をとるようになっていた。

本艇の船殻は厚さ三ミリの鋼鈑を電気溶接で組み上げたもので、司令塔はアルミ合金でつくられていた。このために船体の耐圧力は脆弱で、安全潜航深度はわずか一〇メートルに過ぎなかった。

水上航行に際しては搭載した自動車用のガソリンエンジンで一軸のスクリューを回転させて行ない、潜航時は蓄電池駆動電動機が用いられ、水上航行時には蓄電池の充電が行なわれた。

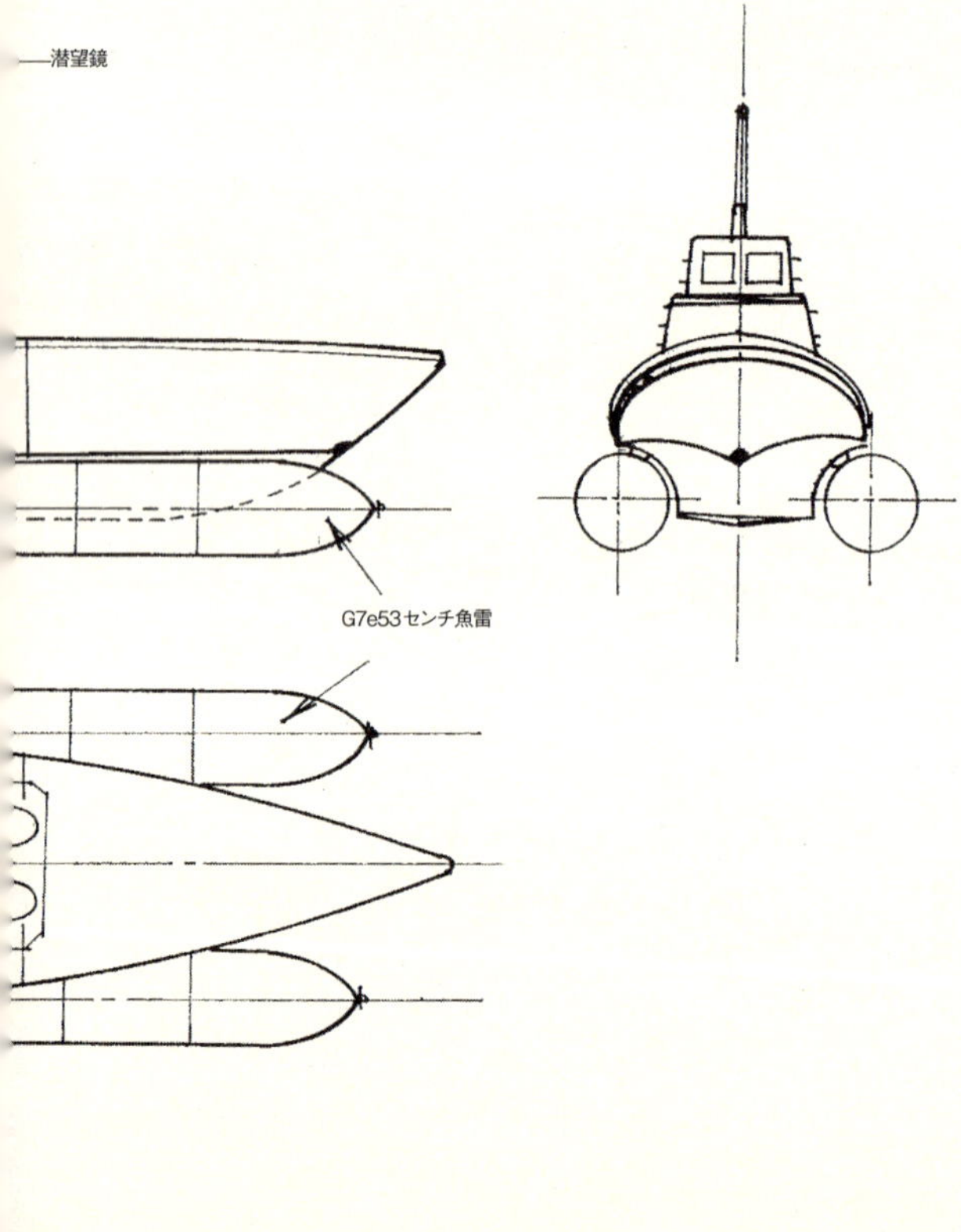
潜望鏡
G7e53センチ魚雷

第31図　特殊潜航艇ビーバー

基準排水量（水上）	6.3トン
全　　長	9.0メートル
全　　幅	1.6メートル
主　機　関（水上）	自動車用ガソリンエンジン
（水中）	蓄電池駆動電動機
最高速力（水上）	6.5ノット
（水中）	5.3ノット
航　続　力（水上）	6ノットで207キロメートル
（水中）	5ノットで26キロメートル

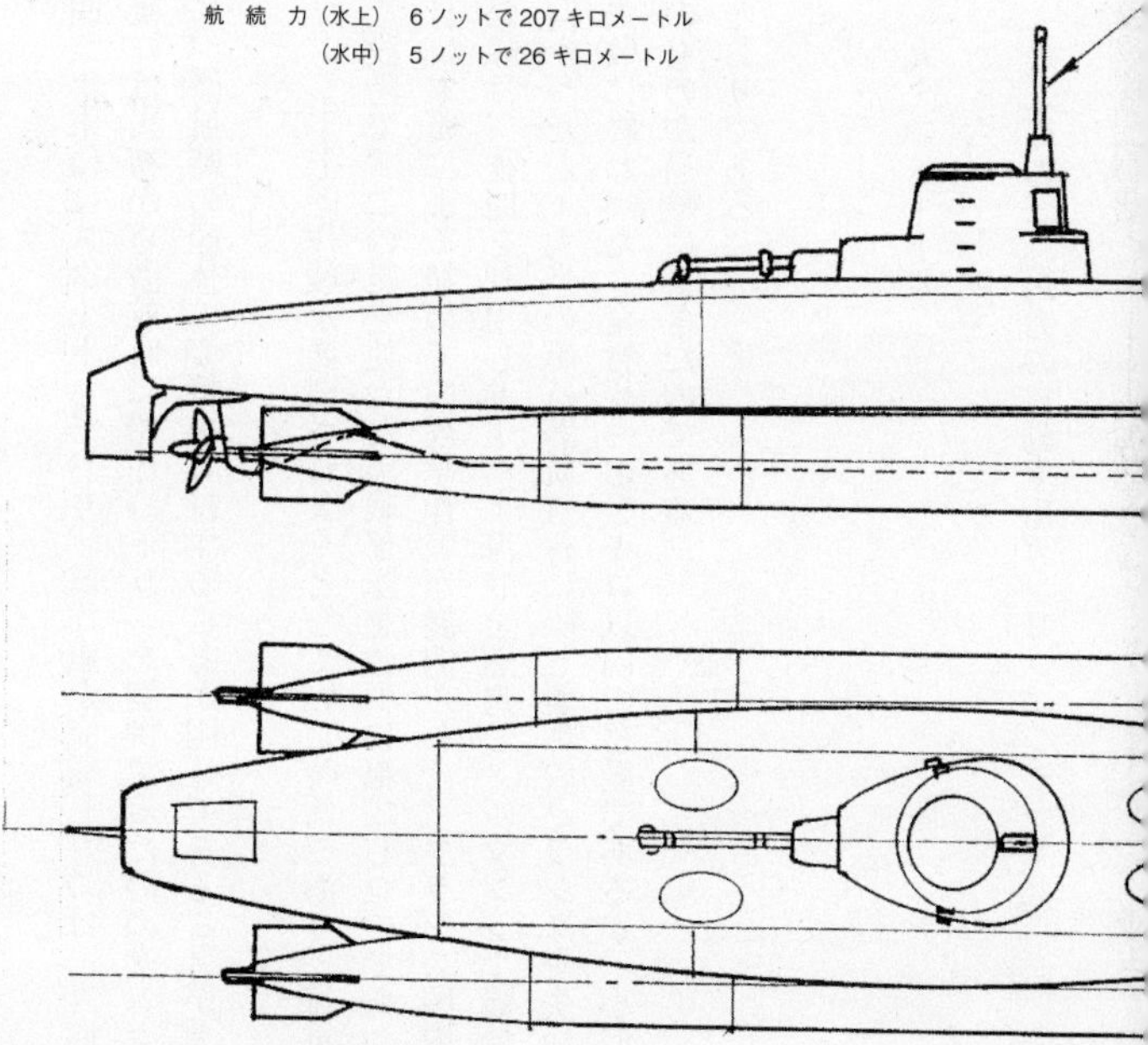

本艇の試作計画は一九四三年末にはスタートしており、試作艇が完成したのは一九四四年四月であった。しかし本艇には当初から潜航時に船体のトリムを制御するためのタンクが整備されていなかったために、潜航時の船体の姿勢を維持することが困難であることが大きな欠点となっていた。

しかし時あたかもノルマンジー上陸作戦が展開されようとしていた時期であり、海軍は先行試作艇二二隻が完成した段階で、この艇を使った実戦部隊を強引に編成したのであった。

一九四四年八月二十二日に本艇による初めての攻撃作戦が展開された。フランス国内の海岸に集結した二二隻の突撃隊は、夜間を利用しドーバー海峡を通過しノルマンジー海岸沖に集結する連合軍艦艇群に向かったが、大半の艇は潜航航行に際し艇体のバランスを失い転覆あるいは沈没し、作戦は失敗に終わった。全行程一〇〇キロ以内の移動であるが、小型の本艇にはこの行程の移動そのものが過酷に過ぎたのである。

本艇の基本仕様は次のとおりである。

基準排水量（水上）　六・三トン
全長　九・〇メートル
全幅　一・六メートル
主機関（水上）　最大出力三二馬力の自動車用ガソリンエンジン一基

（水中）　最大出力一三馬力の蓄電池駆動電動機一基
最高速力（水上）　六・五ノット
（水中）　五・三ノット
航続距離（水上）　六ノットで一一二カイリ（約二〇七キロ）
（水中）　五ノットで約二六キロ
武装　G7e五三センチ魚雷二本
安全潜水深度　一〇メートル（緊急短時間安全深度二〇メートル）
乗員　一名

本艇による唯一の敵艦船撃沈記録は、ノルマンジー戦域におけるアメリカ軍輸送艦（リバティー型貨物船）アラン・A・デール（七一〇〇総トン）である。なおビーバーの総建造数は三二四隻であった。

特殊潜航艇モルヒ（Molch＝イモリ）

モルヒとは両生類のイモリのことで、船体の不格好な外観から誕生した呼称とされている。モルヒの開発はビーバーなどと同じく一九四四年末頃から始まっていた。モルヒはドイツ海軍の小型特殊潜航艇の中でも最も初期に開発が進められた艇で、開発はドイツ海軍魚雷実験

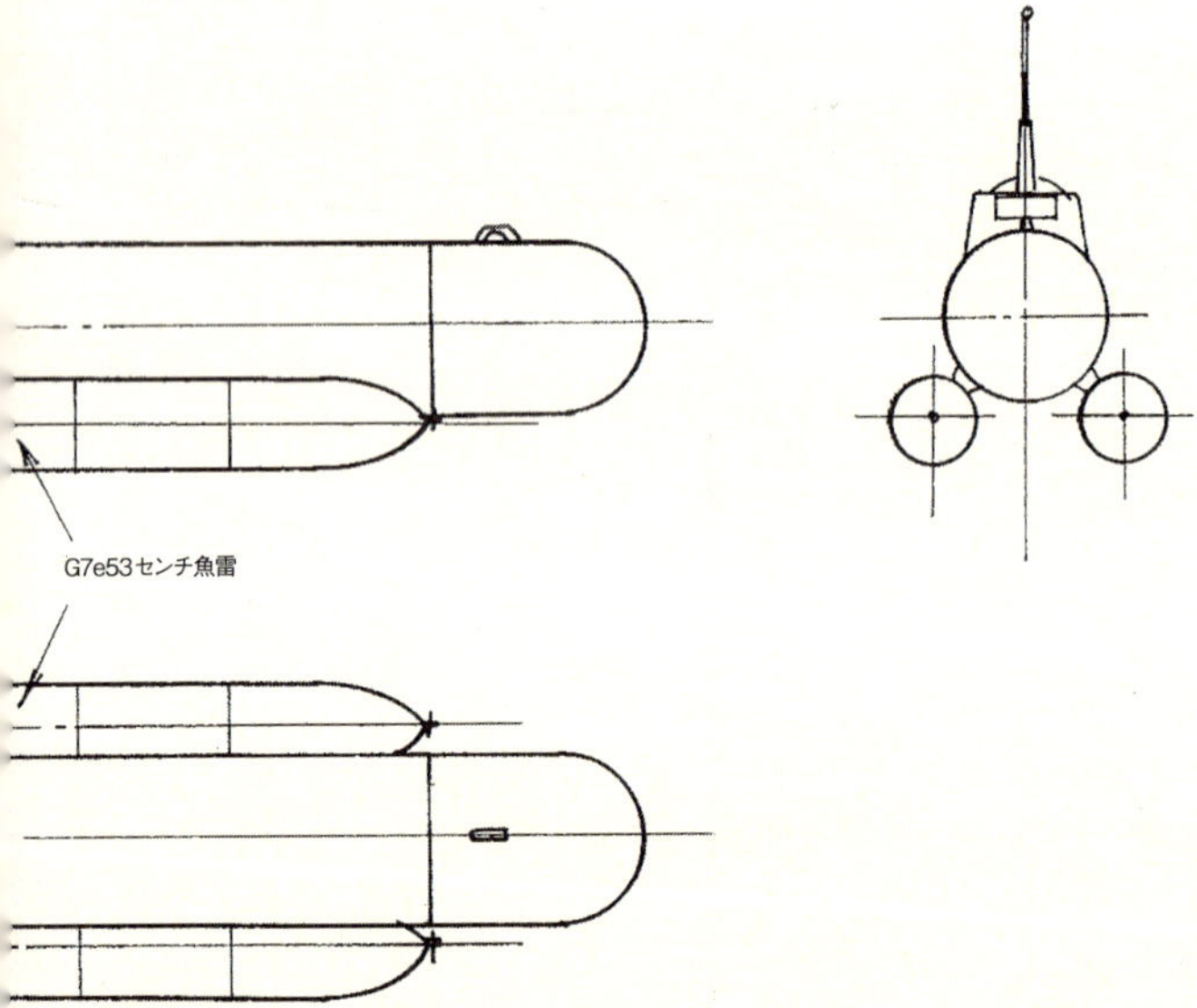
G7e53センチ魚雷

第32図　特殊潜航艇モルヒ

基準排水量	(水上)	11.0トン
全　　長		10.8メートル
全　　幅		1.8メートル
主 機 関	(水上・水中)	蓄電池駆動電動機
最高速力	(水上)	4.3ノット
	(水中)	5.3ノット
航 続 力	(水上)	4ノットで50キロメートル
	(水中)	5ノットで80キロメートル

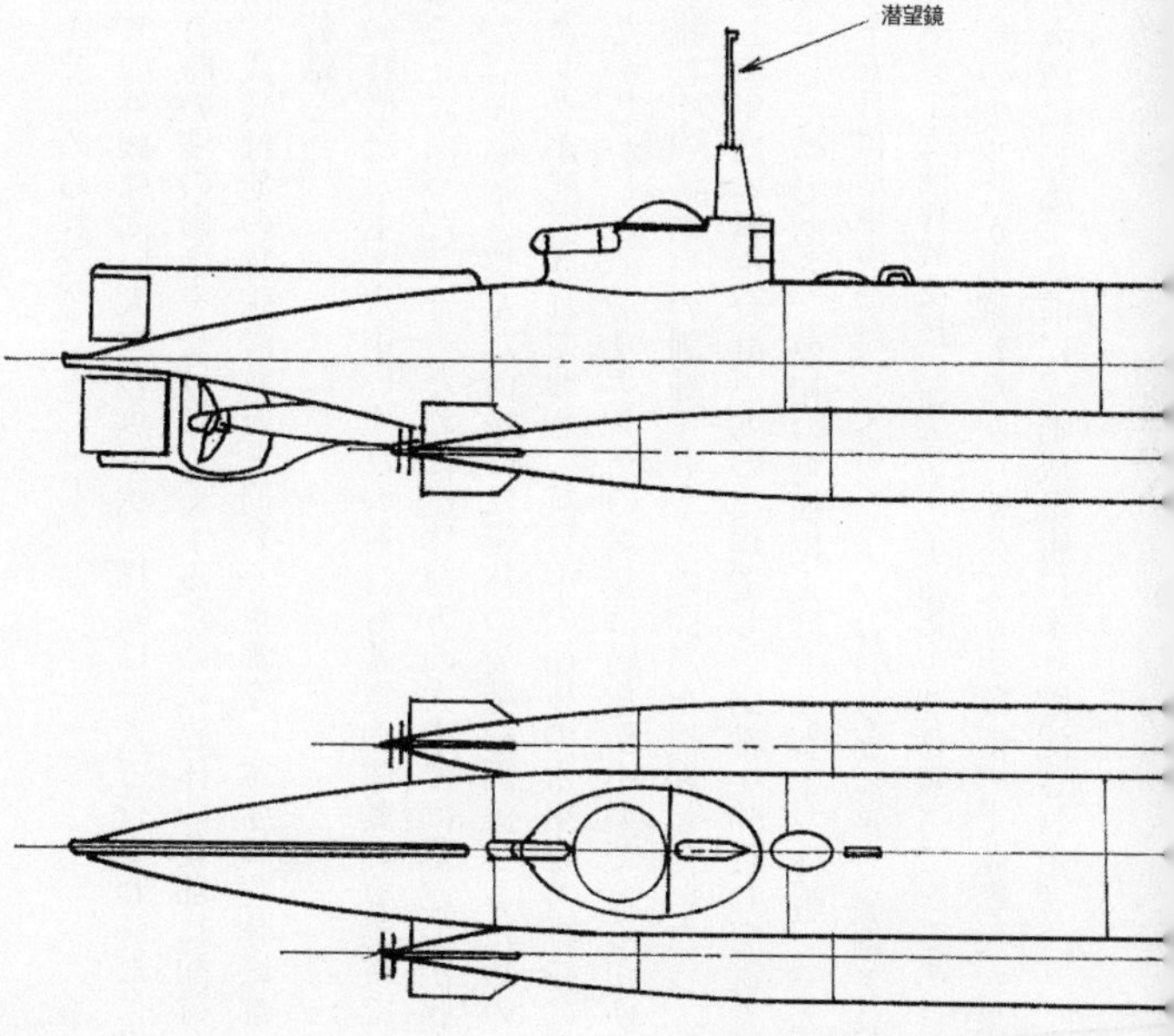

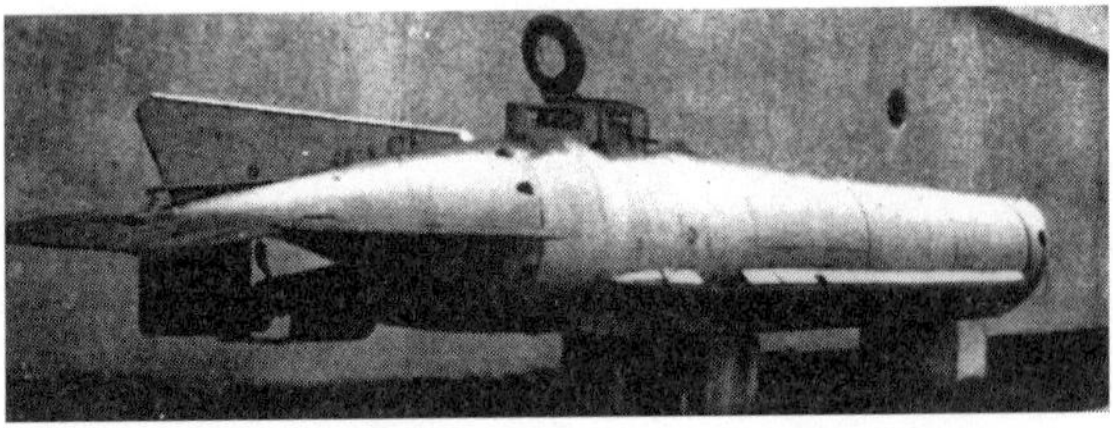
モルヒ

センターで進められた。
モルヒの外観は太い大型の魚雷状で操縦は一人で行なわれた。操縦席は航行時の波の影響を受けにくくするために艇体の後部に配置されていた。武装は他の特殊潜航艇と同じく魚雷を一本ずつ艇体底部の両側面に装備した。
本艇の特徴は水上・水中いずれの航行も蓄電池駆動の電動機で行なわれることにあった。そのために艇体前方の大半には蓄電池が収容されていた。操縦席を挟んだ前後には艇体の姿勢を調整するためのトリミングタンクが配置されており、航行中の船体の水平姿勢維持に対処していた。しかしこのトリミングの調整は艇体が小型であるがゆえに調整が難しく、搭乗員の訓練にも多くの問題を提起していた。
しかし海軍は本艇を合計三九〇隻建造し、訓練を強行して次々と実戦に投入したのである。最初の実戦投入はドラグーン作戦（一九四四年八月十五日に地中海沿岸、フランスのプロバンス海岸で展開された、ノルマンジー上陸作戦支援の連合軍の大規模上陸作戦）で、この作戦では一二隻のモルヒが出撃したが、すべてが上陸前の上陸艦艇が集合している海域に到達する前に、哨戒艦艇により撃沈された。

その後一九四四年十二月からオランダの海岸に上陸する連合軍輸送船団に対する攻撃を展開し、数隻の小型艦艇や雑役艇を撃沈あるいは破壊したが、攻撃艇はすべて失われた。

これらの結果にドイツ海軍は本艇の実戦への投入は不適と判断し、より実用的な特殊潜航艇の搭乗員の訓練艇として運用した。

本艇の基本要目は次のとおりである。

基準排水量（水上）　一一・〇トン
全長　一〇・八メートル
全幅　一・八メートル
主機関（水上・水中）　蓄電池駆動電動機（最大出力一三・九馬力）
軸数　一軸推進
最高速力（水上）　四・三ノット
（水中）　五・三ノット
航続距離（水上）　四ノットで約五〇キロ
（水中）　五ノットで約八〇キロ
武装　G7e五三センチ魚雷二本
乗員　一名

特殊潜航艇ネガー（Neger＝黒人）

本艇も特殊潜航艇としては初期に開発されたもので、後に開発された特殊潜航艇のように十分な潜水艦機能を持つものではなく、乗員を乗せた魚雷状の船体を半水没状態で推進させ、船体の底部に抱いた魚雷を目標に向けて発射し、「基本的には」乗員は艇とともに帰還する方式のものであった。

本艇の操縦席は艇体の前方に配置され、乗員は搭乗すると強化プラスチック製のドームが被せられ、ドームは船体に外部から固定される。つまり乗員は搭乗後は途中で自らドームを外すことができないのである。乗員は魚雷発射後基地に帰投し、そこで初めて艇から降りることができるという方式がとられていた。これらは考え方によっては、本艇は搭乗員の生存を十分に考慮しない、日本海軍の特攻用の特殊潜航艇に近い形態がとられていたことになる。

大戦末期のドイツでは、日本の特攻攻撃に近い状態の思考が広まっていたと考えられる節がある。特殊潜航艇ネガーもその一つと考えることもできる。

ドイツ空軍では、日本陸海軍が戦争末期に展開した「体当たり攻撃」に近似の攻撃方法を航空戦で実際に採用した事例がある。この戦法は戦闘機の集団で米英爆撃機の大編隊を襲撃し、全機が「体当たり」で敵機を確実に撃墜する戦法となっていた。この攻撃隊は戦争最末期の一九四五年三月に編成された。

ネガー

　ドイツ空軍は各戦闘機隊から志願によってこの「体当たり攻撃隊」への参加を募った結果、一八〇名の戦闘機パイロットが志願し、部隊が編成された。この時点では、すでにドイツ空軍の戦闘機パイロットのほとんどは空戦技量もままならない未熟パイロットばかりであった。しかし各パイロットの祖国防衛へ向けての闘志は、死をも恐れぬ強固なものとなっていたのであった。

　集められたパイロットたちは徹底的な「精神教育」を受けた後に部隊に配属された。部隊名は「エルベ特別攻撃隊（ゾンターコマンド・エルベ）」と命名された。

　一九四五年四月七日（ドイツ降伏の一ヵ月前）、英米航空軍の四発重爆撃機約一二〇〇機がベルリン近郊への爆撃に来襲した。重爆撃機の集団の周辺にはアメリカ航空軍の戦闘機約五〇〇機が護衛についていた。

　エルベ特別攻撃隊の体当たり戦闘機（メッサーシュミットBf109およびフォッケウルフFw190戦闘機）一二〇機は、重爆撃機の大編隊の上空から攻撃態勢に入った。しかし空戦経験の少ない若年のエルベ特別攻撃隊のパイロットたちの操縦する戦闘機は、た

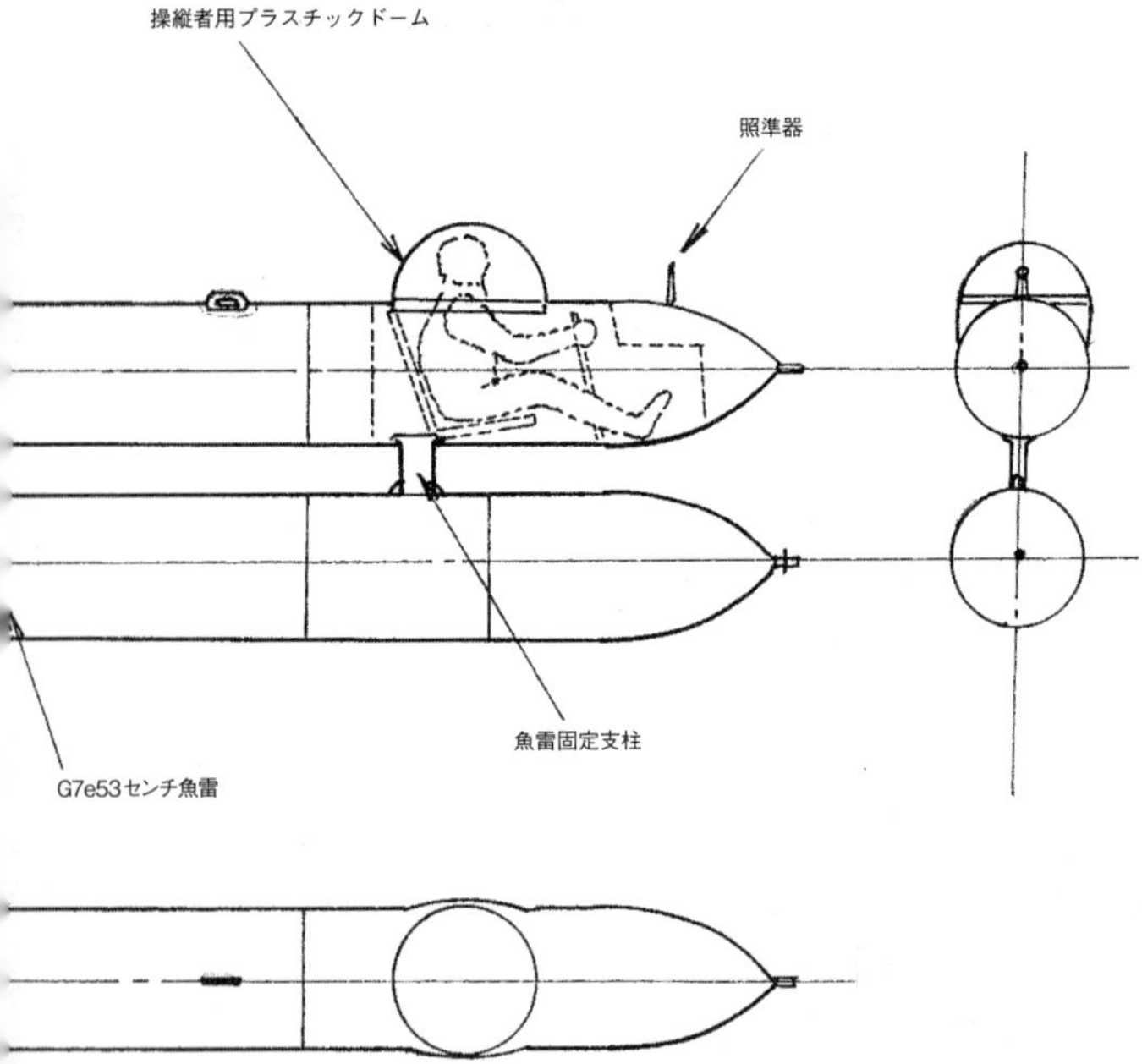
操縦者用プラスチックドーム
照準器
魚雷固定支柱
G7e53センチ魚雷

第33図　特殊潜航艇ネガー

基準排水量（水上）　2.8トン
全　　長　5.10メートル
全　　幅　1.01メートル
主機関（水上・水中）　蓄電池駆動電動機
最高速力（水上）　10.0ノット
　　　　（水中）　17.0ノット
航続力（水上）　10ノットで19キロメートル
　　　（水中）　4ノットで50キロメートル

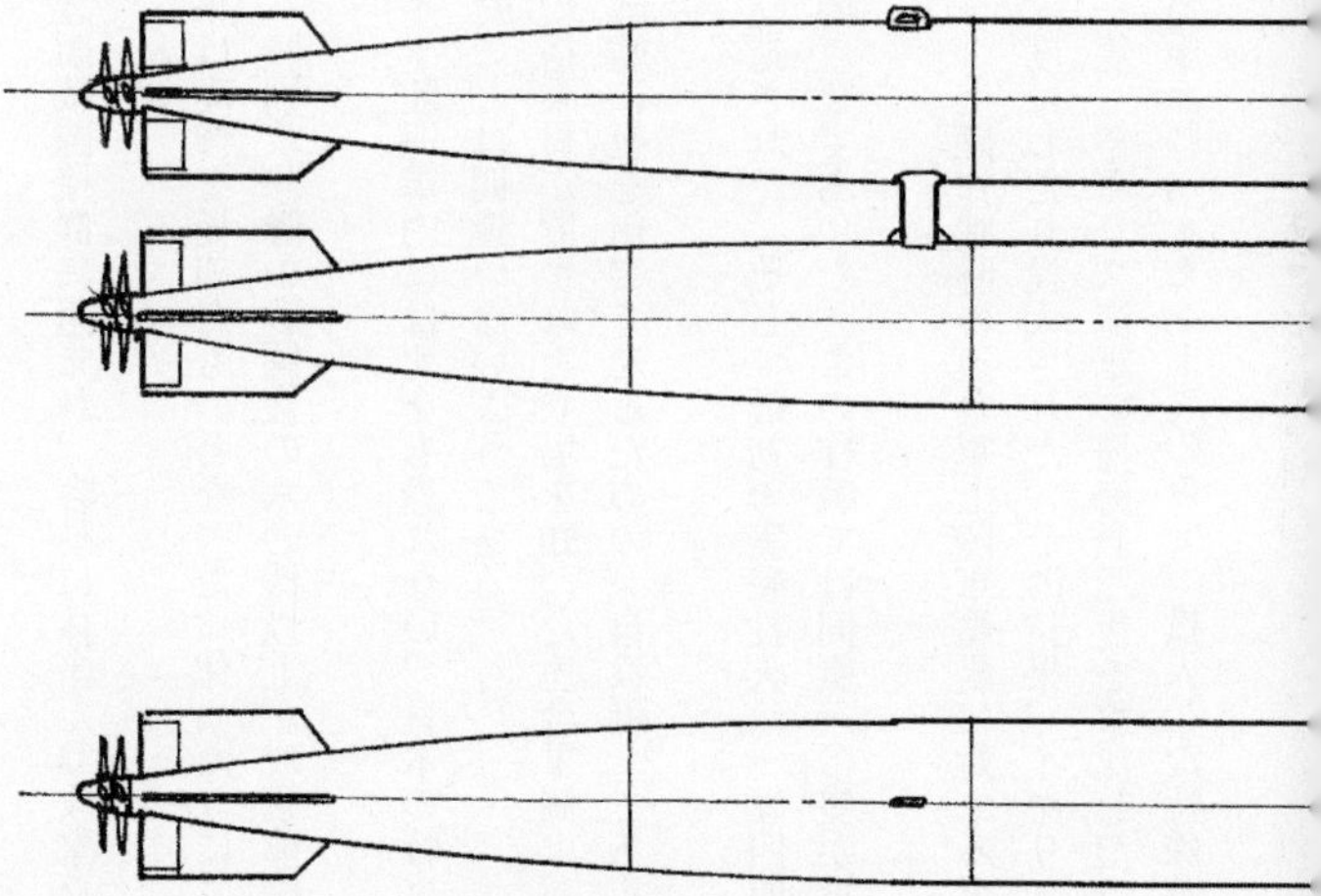

ちまちベテランパイロットの操縦する護衛戦闘機群に阻まれ、容易に体当たり攻撃などできる状態ではなくなった。

この日の「体当たり戦闘機隊」の戦果は凄惨を極めたものとなった。体当たりによる四発重爆撃機の撃墜はわずかに八機。エルベ特別攻撃隊の戦闘機の六〇機以上が攻撃前に撃墜された。

戦争末期の特殊な環境の中では、ドイツ陸海軍内には死をも恐れない、日本の特攻精神と同様な特異な精神状態が醸成されていたことは間違いないようである。

事実、戦争末期に特殊潜航艇ネガーの搭乗員が置かれた立場を知った連合軍側は、本艇は日本海軍の回天と同様に、搭乗員ごと敵艦に艇を衝突させるための「自殺艇」であると称していた。

特殊潜航艇ネガーは合計二〇〇隻が建造された。そして最初の実戦投入は一九四四年四月、連合軍の占領したイタリアのアンチオ港攻撃であった。この作戦では同艇三〇隻が投入されたが、全艇が攻撃に失敗している。

次の実戦投入は同年六月のノルマンジー上陸作戦時の連合軍上陸軍艦艇に対する攻撃であった。この攻撃には四五隻のネガーが三度にわたり投入された。その結果、イギリス海軍駆逐艦一隻、義勇ポーランド海軍駆逐艦一隻、イギリス海軍の掃海艇三隻を撃沈した。しかしこの作戦で生還したネガーは九隻（生還率二〇パーセント）のみで、投入した特殊潜航艇に見合う戦果もなく、ドイツ海軍はネガーの実戦投入を以後中止した。

本艇を投入した結果得られた戦訓は、本艇は攻撃に際しプラスチック製のドームだけが水面上に出ており、また速度が遅いために波が立たず敵側から発見され難いという特徴がみられたことであった。ドイツ海軍はこの特徴を生かしたネガーの改良型の試作を続けることになったのである。

ネガーの改良型として登場したのが特殊潜航艇マルダー（Marder＝テン）である。本艇はネガーの欠点である航続距離の短さを改良し、船体強度を増して水深一〇メートルでの水中航行を可能にしたが、乗員用ドームの改善は行なわれていない。本艇は合計三〇〇隻も建造されたが、実戦に投入されたものはわずかであったとされている。

そしてネガーの最終改良型として登場したのが特殊潜航艇デルフィーン（Delphin＝イルカ）である。本艇は魚雷を艇体の底部に装備する方法は他の潜航艇と変わるところはないが、敵艦に照準を合わせ魚雷発射後に搭乗員が艇から脱出するという、他には見られない方式がとられており、また有利な態勢で攻撃ができるように水中速力を増速していることも特徴であった。

本艇の一号艇が完成したのは戦争終結の直前で、わずか三隻の試作だけで終わっている。本艇はドイツ海軍が開発した最後の特殊潜航艇となった。

特殊潜航艇デルフィーンの基本要目は次のとおりである。

基準排水量（水上）　二・八トン
全長　五・一メートル
全幅　一・〇一メートル
主機関（水上・水中）　蓄電池駆動電動機（最大出力二六馬力）
最高速力（水上）　一〇ノット
（水中）　一七ノット
航続距離（水上）　一〇ノットで一〇カイリ（約一九キロ）
（水中）　四ノットで二七カイリ（約五〇キロ）
武装　G7e五三センチ魚雷一本
搭乗員　一名

第9章　幻のドイツ潜水艦作戦

ドイツは一九四三年に驚異的かつ革命的な武器、大陸間弾道弾の祖ともいえるV2ロケット弾の開発に成功した。そして一九四四年末にはこの新兵器によるイギリス本土攻撃を開始した。音速の二倍以上の速力で飛翔するこの巨大ロケット弾を迎撃する手段は、当時の連合軍側にはまったく存在しなかったのだ。

V2ロケット弾は一九四二年には実用段階の試験が始まり、一九四四年初めには実用化が決定し製造が始まった。そして同年六月には実戦部隊への配備が始まり、発射基地の建設も進められ、九月八日にロンドンに向けての最初の一弾が発射された。

V2号ロケット弾は全長一四メートル、直径一・六五メートル、重量一二・九トンの超大型ロケット弾で、弾頭には当初七五〇キロの爆薬が装填されていた。本ロケット弾は地上から発射されると時速二九〇〇キロで成層圏を飛翔し、四八三キロ先の目標に弾着することが

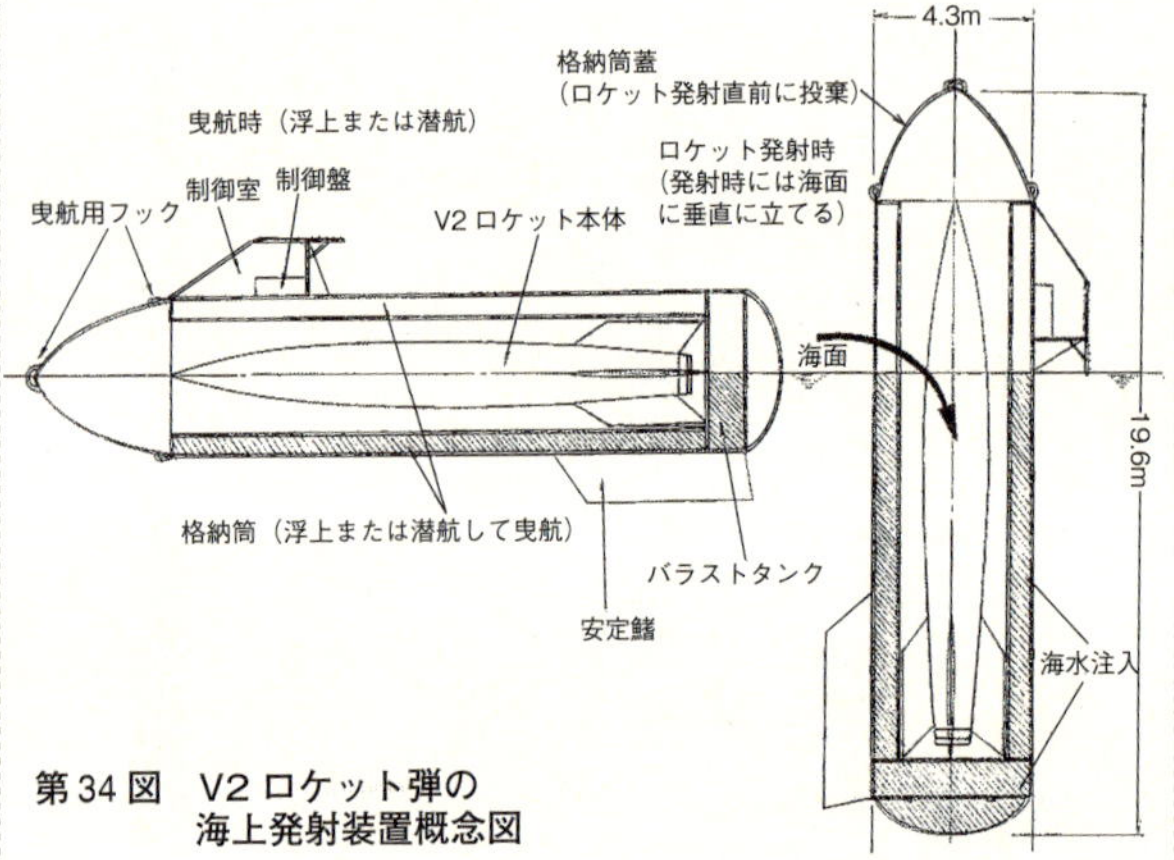

第34図　V2ロケット弾の
海上発射装置概念図

可能であった。

しかしこのロケット弾攻撃も、ドイツ本土へ向けての連合軍の急速な侵攻の結果、次々と発射基地が壊滅され、作戦の続行は不可能になっていったのである。

ドイツ海軍はこのロケット弾が開発されると同時に、これを海上から発射する戦法の開発をスタートさせたのであった。

この計画は急速に進められたが、その基本計画は専用に開発された水没式のロケット発射筒を潜水艦で曳航し、目標の射程内の海上で潜水艦とともに発射筒を浮上させ、発射筒内に収められているＶ２ロケット弾を目標に向けて発射させるというものであった。

発射筒はＶ２ロケット弾が収められる大きさを持ち内部にロケット弾を装備、

潜水艦（この場合は最新型のＸＸＩ型潜水艦が予定されていた）によって曳航され、曳航中は潜水艦とともに水中を進んだ。

発射地点に到着すると潜水艦は停止した後に浮上し、同時に「発射筒」も浮上させる。そして発射筒には海水が注入され発射筒を海面にその上部が現われるように直立させるのである。このとき潜水艦から発射筒に向けて操作員を乗せたゴムボートを送り込み、発射筒内に配置された発射制御装置を操作し、ロケット弾に装備された飛行誘導ジャイロ装置を調整した後、捜査員はゴムボートで潜水艦にもどる。

その直後に潜水艦から送られた電気回路による発射信号でロケット弾は目標に向かって発射されるのである。

この発射装置の一連のシステムと装置は、一九四四年十二月にブローム＆フォス社に発注され、直ちに設計と製作が開始されている。しかしその最中に発射筒を製造中のフルカン・ヴェルフト造船所が連合軍の猛爆撃を受け壊滅、本計画のすべてが破棄されることになったのであった。ドイツ海軍が計画した海上発射Ｖ２ロケットの最初の目標はニューヨークであった。

この潜水艦によるＶ２ロケット弾の発射計画は一九五〇年代に入り、アメリカとソ連の弾道ミサイル搭載潜水艦によって実現することになった。

あとがき

本書では、日独両国が第二次世界大戦末期に出現させた独特な攻撃方法にもとづく特殊潜航艇を含め、多くの特異な潜水艦を紹介した。ドイツ海軍が実際に開発し実戦に投入した機雷敷設専用の潜水艦は、これまであまりその実態が紹介される機会が少なかっただけに、機雷敷設のアイディアも含め大きく興味を持たれたことと思うのである。

一方の日本海軍の航空機搭載型潜水艦にも大きく注目されたことと思う。日本海軍が世界では例外的な存在といえる航空機搭載型潜水艦の開発に成功した背景には、日本海軍が航空機を導入した当初から、開発に努力を惜しまなかった水上機（水上偵察機や水上攻撃機）の開発が見て取れるのである。

当初から潜水艦に搭載することを前提として設計されたこれら航空機は、狭い場所での組み立てと分解を極めて短時間で済ますことが可能となるように完成されていったのである。

そして最終的にはこの機体（水上偵察機）を一〇〇機以上も生産することになり、それを運用する潜水艦も三〇隻以上も建造し、しかも実戦ではこの偵察機を敵情偵察のために実に四〇回以上も出撃させ、その大半は無事に生還していたという事実は、日本海軍以外では世界のどこの海軍でも実現させることはできなかったことなのである。

そしてこの潜水艦搭載型航空機は最終的には攻撃機としての発展を見ることになったのである。しかも完成したその攻撃機の完成度の高さは、同時代の艦上攻撃機として十分に機能できるほどの性能を持っていたことに驚かされるのである。

日本海軍はこの高性能攻撃機を搭載する潜水艦まで建造し、実戦に投入する直前の状態に達していたのだ。しかし出撃する機会はなかった。この潜水艦や攻撃機がどのような姿のものであったかは、本書により十分に理解いただけたことと思う。

水中高速潜水艦はいずれの海軍でも夢の存在の潜水艦であった。その中で日本海軍とドイツ海軍は早くからその開発に注力し、いくつかの潜水艦を生み出したが、いずれも未完に終わっているのである。

空気呼吸するすべての哺乳類が水中での行動に限界があるのとまったく同様に、潜水艦の水上での行動力をそのまま水中で長時間持続することは画期的な動力が開発されない限り不可能であった。

ドイツ海軍が開発したヴァルター機関は、潜水艦の水中での高速行動には確かに考えられる最高の機関であったはずであるが、これも燃料の過酸化水素の量に限界がある限り、夢の水中高速潜水艦の実現には根本的には無理があったのである。

結局、三〇〜四〇ノットの高速力を発揮する真の水中高速潜水艦の出現は、十数年後の原子力を動力とする潜水艦の出現を待たねばならなかったのである。

第二次大戦末期に日本とドイツ海軍がほぼ同時に開発していた特殊潜航艇は、その攻撃方法には両国の間に基本的な違いが存在していた。そこに存在したのは「死」ということに対する概念であり、両国が開発した幾種類もの特殊潜航艇の姿を見ていただくと、そこに抱かれる思想に大きな隔たりがあることに気がつかれることと思うのである。

ＮＦ文庫書き下ろし作品

NF文庫

日独特殊潜水艦

二〇一六年一月十五日　印刷
二〇一六年一月二十一日　発行

著　者　大内建二
発行者　高城直一
発行所　株式会社　潮書房光人社
〒102-0073　東京都千代田区九段北一-九-十一
振替／〇〇一七〇-六-五四六九三
電話／〇三-三二六五-一八六四(代)
印刷所　モリモト印刷株式会社
製本所　東　京　美　術　紙　工

ISBN978-4-7698-2925-6　C0195
http://www.kojinsha.co.jp

NF文庫

刊行のことば

第二次世界大戦の戦火が熄《や》んで五〇年——その間、小社は夥しい数の戦争の記録を渉猟し、発掘し、常に公正なる立場を貫いて書誌とし、大方の絶讃を博して今日に及ぶが、その源は、散華された世代への熱き思い入れであり、同時に、その記録を誌して平和の礎とし、後世に伝えんとするにある。

小社の出版物は、戦記、伝記、文学、エッセイ、写真集、その他、すでに一、〇〇〇点を越え、加えて戦後五〇年になんなんとするを契機として、「光人社ＮＦ（ノンフィクション）文庫」を創刊して、読者諸賢の熱烈要望におこたえする次第である。人生のバイブルとして、心弱きときの活性の糧《かて》として、散華の世代からの感動の肉声に、あなたもぜひ、耳を傾けて下さい。